让人垂涎欲滴的
美·味·泡·菜

主编：甘智荣

江西科学技术出版社

图书在版编目（CIP）数据

让人垂涎欲滴的美味泡菜 / 甘智荣主编. -- 南昌 : 江西科学技术出版社, 2014.11（2025.8重印）

ISBN 978-7-5390-5122-2

Ⅰ. ①让…　Ⅱ. ①甘…　Ⅲ. ①泡菜—蔬菜加工　Ⅳ. ①TS255.54

中国版本图书馆CIP数据核字（2014）第254505号

让人垂涎欲滴的美味泡菜　　甘智荣　主编

RANG REN CHUIXIANYUDI DE MEIWEI PAOCAI

出版发行　江西科学技术出版社

社址　南昌市蓼洲街2号附1号

邮编：330009　电话：（0791）86623491　86639342（传真）

印刷　唐山楠萍印务有限公司

经销　各地新华书店

开本　710 mm × 1000 mm　1/16

字数　160千字

印张　8

版次　2014年11月第1版

印次　2025年8月第3次印刷

书号　ISBN 978-7-5390-5122-2

定价　49.00元

国际互联网（Internet）地址：http://www.jxkjcbs.com

选题序号：ZK2014383　　赣版权登字：03-2014-307

责任编辑：周楚倩　王凯勋　　装帧设计：春浅浅

目录 CONTENTS

Part 1 泡菜那些事儿

Part 2 家常泡菜

叶菜类

根茎类

菌豆类

荤菜类

Part 3 特色泡菜

药膳泡菜

水果泡菜

Part 4 异国风味泡菜

韩式风味泡菜

日式风味泡菜

西式风味泡菜

Part 1 泡菜那些事儿

我国泡菜历史悠久，风味独特，味道百变，清爽可口，让人垂涎欲滴。在百姓心中，泡菜是极为传统的美味。可是，对于泡菜，大家又了解多少呢?本章将带大家了解泡菜那些事儿，介绍泡菜的相关常识，让大家真正地认识、了解泡菜，才能学得得心应手、吃得健康美味。

关于泡菜

1 什么是泡菜

泡菜是用盐腌渍后经乳酸菌发酵而形成的一种风味特殊的腌制加工品，其原料大多为各类蔬菜，也有少量荤肉可用于腌制泡菜。泡菜一般带有酸味，但其在腌渍时可以放入其他佐料，如辣椒粉、蒜、姜、葱、干辣椒等，使得泡菜独具风味之余还各有特色。

2 泡菜的历史文化

我国的泡菜历史悠久，据史书记载，最早可追溯到3000多年前的商周时期。虽然我国的泡菜没有如韩国泡菜那般火热，但我国的泡菜更具有人情味，历史与文化方面也毫不逊色于韩国泡菜。《初学记》中有记载“欲作和羹，尔惟盐梅”，说明至少在3000多年前，我国就出现了用盐腌渍梅以供食用的现象。而有国外研究者说，秦始皇修筑长城的时候，修筑长城的人生活非常艰苦，冬季几乎没有菜可以食用，就在冬季到来前用盐将蔬菜腌渍以防变质，用以过冬。泡菜文化发展至清朝，川南、川北地区还将泡菜作为嫁奁之物，凡是女儿出嫁，均要赠予上好泡菜一坛或数坛。

现在，尚有少部分地区保留着用泡菜作为嫁妆之物的风俗习惯。泡菜出现之初，是人们用于过冬的食物，而现今，人们一年四季食材取得无虞，却依然喜欢制作泡菜。在我国，泡菜遍布全国，几乎家家户户都会做，尤其是四川、东北等地区，泡菜是家家户户餐桌上必有之物。

泡菜的特点与营养功效

泡菜在世界众多美食中是独具一格的，其有着与众不同的特点。同时，泡菜也是营养丰富的食物。下面我们一起来了解一下泡菜的特点与营养。

1 泡菜的特点

泡菜深受我国大众喜爱，它有以下五个特点：

历史悠久

韩国人以泡菜为荣，韩国泡菜具有上千年的发展历史，但是其实我国的泡菜历史更为悠久，我国的泡菜起源可追溯到3000多年前，早在公元前3世纪我们祖先就懂得腌渍泡菜。我国泡菜发展至今，依然是众多家庭非常喜爱的食品，并且种类越来越多，味道越来越好，甚至大量生产，远销海外，闻名世界。

大众亲民

在我国，泡菜是一种大众食品，无论是富甲一方还是贫困潦倒，都可以吃到美味泡菜。很多家庭里都会自己腌渍泡菜，尤其是四川、东北等地，泡菜几乎是家家户户必备之食品，甚至每餐必备。泡菜宜富宜贫，男女老少都喜爱，是一种极为大众亲民的食品。

成本低廉

泡菜的制作成本非常低廉，泡菜最主要的原料是日常生活中最常见的各类蔬菜，制作设备也只需要一个泡菜坛和盐水，总的来说，制作泡菜只需以下物品：泡菜坛，蔬菜，盐，水，佐料（如花椒、醋、白酒、葱、蒜等）。甚至佐料也可以随个人口味不同而随意选择。如此低廉的成本，也是其亲民的原因之一。

操作简便

泡菜不仅制作过程极为简单，而且制成后保存、取食也非常方便。泡菜的制作可用一句话概括：将洗净的泡菜放入装有盐水的泡菜坛中，密封腌泡数天即可。当然，制作过程也有其需要注意的地方，但也是极其简单的操作。泡菜制成后，也只需在泡菜坛里密封保存即可，即食即取，非常简便。

风味独特

风味独特是泡菜最突出、最吸引人的特点。根据所用原料、泡制时间、佐料等的不同，泡菜有着丰富的口味，酸、甜、咸、辣等，但是，无论是什么口味的泡菜，都有着独特的风味。一般来说，泡菜都带着独特的酸味或略带酸味，伴随着独特的芳香，口感清爽鲜脆，好的泡菜还带着光泽，真正的色、香、味俱全。

2 泡菜的营养功效

许多人认为，泡菜属于腌制加工品，会有害健康，不宜多食用。其实，这是人们的一个误区，泡菜其实有着丰富的营养，适当食用泡菜不仅不会危害健康，还能预防疾病、有益身体。

营养丰富

泡菜所使用的原料多为新鲜蔬菜，富含各种维生素、钙、铜、磷、铁等，蔬菜只经过简单的处理便入坛泡制，在泡制过程中，这些营养成分大部分都没有被分解，蔬菜中的营养得以大量保存下来，尤其是维生素A、维生素C和维生素P等成分，泡菜中还含有大量膳食纤维，所以在某种程度上讲，泡菜所含的营养甚至要比平常的炒菜、炖菜还要丰富，因为日常的炒菜、炖菜在经过高温烹饪后营养成分会大量流失。泡菜最初出现之时就是人们为了储存蔬菜，以便在冬天蔬菜匮乏之时用以补充营养。

开胃消食

泡菜中富含乳酸菌和乳酸，可以增强食欲，刺激消化液的分泌，促进对食物的消化和吸收，而且泡菜中所使用的佐料如辣椒、蒜、姜、葱等，都可以促进消化酶的分泌，所以，泡菜有着很好的开胃、助消化作用，对便秘也有着改善作用。

抗菌护肠胃

泡菜经过盐水泡制、乳酸菌发酵等过程，原本表面的有害细菌早已死亡，是相对安全卫生的食物。最重要的是，泡菜中的乳酸进入身体后，能杀灭部分病原性微生物，而且其丰富的乳酸菌能抑制肠胃中其他病菌的生长发育，甚至杀灭部分病原菌和有害菌，能保护肠胃、改善肠道功能。

改善心脑血管疾病

泡菜中富含维生素、膳食纤维等营养成分，已有研究发现，食用泡菜不仅有助于降低血压、血糖，还可以降低血清中的胆固醇和血脂浓度，改善心脑血管疾病，预防动脉硬化，对糖尿病也有预防作用。

其他功效

除了以上营养功效外，泡菜还有着抗癌抗肿瘤、增强免疫力、抑制皮肤衰老等功效，民间还有人食用泡菜来治病。

泡菜原料的选择

泡菜对原料的选择、洗涤、预处理等也都有着一定要求，只有选择好的原料、适当地处理好原料，才能让泡菜有着脆嫩的口感，吃得才会更放心、健康。

1 选择应季的蔬菜

蔬菜，是腌制泡菜的主要原料，但是，蔬菜生长顺应天时，古人有云："不时不食"，我们在选择腌制泡菜的原料时，也需要选择应季的蔬菜，应季蔬菜正处于其生长旺盛时节，质地鲜嫩，而且营养也正值最丰富时期，相较于反季蔬菜更为适合制作泡菜。

2 选择质优的蔬菜

选择泡菜原料时，除了要选择应季蔬菜外，还要注意蔬菜的质量。泡菜是经过腌泡发酵而成，所以，对原料的质量更需要重视，质量不好的蔬菜会影响一整坛泡菜的质量，且质量不好的蔬菜腌制出来的泡菜容易腐烂，甚至容易在腌制过程中腐烂，成品的风味也不好。所以，选择蔬菜原料时，应该选不干缩、不皱皮、无腐烂、无虫伤、无损伤的蔬菜。有粗皮、老茎、损伤、疤痕等的蔬菜，需要用刀削去。

3 选择肉厚质脆的蔬菜

泡菜需经过盐腌制，肉质柔嫩的蔬菜经不起高盐度的浸渍，容易碎烂；而质地较软的蔬菜再经腌泡，也容易失去风味。所以，最好选择肉厚质脆的蔬菜，腌制出来的泡菜才够鲜嫩脆爽，风味更浓。

了解泡菜中的亚硝酸盐

泡菜在腌制过程中容易产生致癌物质亚硝酸盐，然而，泡菜所含亚硝酸盐的多少与制作泡菜时的盐浓度、温度、腌制时间等因素有关，所以，亚硝酸盐并不是必然存在于泡菜中，正确的腌制方法可以尽可能地减少泡菜中亚硝酸盐的含量。

1 亚硝酸盐的产生

泡菜的主要原料是蔬菜，蔬菜吸收有机肥料与无机肥料中的氮会在土壤中硝酸盐生成菌的作用下产生硝酸盐，虽然蔬菜在合成植物蛋白时要吸收硝酸盐，但仍有部分硝酸盐滞留在蔬菜中，若遇上光照不足等情况则影响植物蛋白的合成，蔬菜内累积的硝酸盐会增多。

有腌制含有硝酸盐的蔬菜过程中，坛内的细菌会产生硝酸还原酶，而蔬菜中含有的硝酸盐就会被硝酸还原酶还原成亚硝酸盐，这就是泡菜中亚硝酸盐的产生原因。

2 亚硝酸盐的危害

人们对亚硝酸盐的认识似乎总停留在“致癌”这个点上，下面具体了解一下。

缺氧中毒

食用亚硝酸盐最常见的危害是易使人体缺氧中毒。亚硝酸盐进入人体后，会产生强氧化作用，将血液中的低铁血红蛋白变成高铁血红蛋白，导致身体组织缺氧中毒。中毒后轻度者会出现呕吐、头昏脑涨、唇色发青发紫等症状，严重者则会出现身体抽搐、昏迷不醒等症状，若不及时抢救会危及生命。

致癌

正如人们所知道的，亚硝酸盐摄入过多容易致癌，因为亚硝酸盐会与体内的某些物质形成亚硝胺类，亚硝胺类在体内积聚过多时便会成为致癌物质。

虽然亚硝酸盐可危及生命，但是若摄入不多是不会对身体造成非常大的影响的，所以，只要日常生活中注意一些事项就可避免，不必对亚硝酸盐产生恐慌。

3 如何避免和消减泡菜中的亚硝酸盐

很多人都认为食用泡菜容易摄入亚硝酸盐，但是，其实泡菜中亚硝酸盐是可以减少甚至消失的，所以完全没必要因为亚硝酸盐而对泡菜有所恐惧。下面我们一起了解一下如何消减泡菜中的亚硝酸盐含量。

注意取食的时间

蔬菜刚进坛腌制时，乳酸菌尚少，经过盐渍后，其他细菌也较少，这时候，硝酸还原酶尚未产生或者产生的数量少，所以，泡菜入坛泡制后的前两天，亚硝酸盐基本没有；但随着乳酸菌迅速生长，但产生的乳酸很少，泡菜坛的酸性环境还没有形成，那些耐盐、不惧缺氧的细菌也在生长，坛内所产生的硝酸还原酶也迅速增加，所以，一般在蔬菜腌泡4～8天的时候，泡菜中亚硝酸盐达到最高值。之后，乳酸逐渐增多，其他细菌逐渐被杀灭或抑制，硝酸还原酶对硝酸盐的还原能力逐渐减弱，坛内已生成的亚硝酸盐也会逐渐被分解，所以泡菜腌泡第9天后，亚硝酸盐的含量就会逐渐减少，大约15天后，亚硝酸盐几乎消失。因此泡菜入坛后的前3天和15天后，亚硝酸盐的含量是很少的，如果不放心，可在腌泡20天后食用，那时候泡菜中基本不含亚硝酸盐。

但是泡菜也并不是越久食用越好，因为一般情况下泡菜都是边泡边吃，取泡菜时坛内会进入空气，也易污染泡菜盐水，会使得余下的泡菜含有亚硝酸盐。

注意盐的浓度

腌制泡菜时，盐的浓度高低，也会影响生成亚硝酸盐的多少。盐的浓度过低，对细菌的杀灭和抑制能力较弱，硝酸还原酶数量多，从而导致亚硝酸盐的含量增加。所以，一般来说，泡菜盐水的浓度不得低于6%。

注意泡菜原料的选择

选择蔬菜时要注意选择新鲜、成熟的蔬菜，那些不够新鲜的蔬菜所含有的硝酸盐和亚硝酸盐较多。另外，蔬菜入坛泡制前要清洗干净，可减少蔬菜中硝酸盐含量。

注意加入适当的佐料

腌制泡菜时常会加入辣椒、葱、蒜等佐料，这些佐料除了为泡菜增加风味外，还可抑制亚硝酸盐产生。如大蒜中含有可以与亚硝酸盐结合的硫基化合物，从而减少了泡菜中亚硝酸盐的含量，同时，大蒜也可杀菌。另外，在泡菜中放入姜汁或姜片，可抑制亚硝酸盐的生成。所以，在腌制泡菜时可有选择地放入适当的佐料。

其他

除了以上方法外，还需注意用具与腌泡环境的卫生、保持泡菜坛内的缺氧环境等。

泡菜的制作流程

泡菜在世界各地都有，各个地区的气候、风俗、生活习惯等因素的不同，泡菜的制作过程也略有不同，但千变万化不离其宗，制作泡菜有着较普遍的流程，下面我们将带大家认识一下制作泡菜的一般流程，但是，这只是一般流程，泡菜丰富多样，制作的时候还是需要视具体情况而定的。

1 准备好原料和佐料、香料

将使用到的蔬菜、佐料、香料等都准备好。

2 原料洗涤与预处理

准备好要腌制的新鲜蔬菜，将蔬菜清洗干净，老皮、老茎、破损等需要削掉，根据需要选择切分或者不切分，还有其他预处理。最后需要将蔬菜沥干水分，彻底晾干表面的水分。

蔬菜的洗涤

泡菜制成后，既可以直接食用，也可以用作辅料，所以，原料是否干净，不仅关乎泡菜的质量，还直接影响我们的饮食健康。除了少数荤肉类原料外，大部分泡菜原料是蔬菜，而蔬菜大多源自土壤，带有许多细菌，还有残留农药、微生物等，不清理干净就腌制，会导致泡菜不卫生，甚至在腌制过程中腐烂。所以，一定要重视原料的洗涤。

蔬菜的洗涤可以除去蔬菜表面的泥沙、尘土、微生物及残留农药。一般情况下，用流动清水反复洗涤干净即可，如果蔬菜表面残留农药较多，为了除去农药，在可能的情况下，还可在洗涤水中加入0.05%～0.1%高锰酸钾或0.05%～0.1%盐酸或0.04%～0.06%漂白粉，先浸泡10分钟左右（以淹没蔬菜为宜），再用清水洗净原料。若家中不具备漂白粉等，也可以用较为传统的方法，用1%～3%的淡盐水浸泡20分钟，再清洗干净，还可以用适量淀粉浸泡约15分钟，再洗干净即可。

除了要注意将残留农药清洗干净外，还需要注意的是有部分蔬菜会有一些小褶皱、卷曲等，则需要把藏在褶皱里的污物洗净，此外，凡不适用的部分如粗皮、粗筋、须根、老叶以及表皮上的黑斑烂点，均应去掉。

新鲜蔬菜清洗干净后，如叶菜类的白菜、包菜等，一般不进行分切，但体积过大的蔬菜，如南瓜、萝卜等，则可以进行分切，可切块、切条、切片等。洗净切好后，就把菜晾晒至表面水分完全干掉。

蔬菜的预处理

蔬菜的预处理指的是在蔬菜装坛前用盐进行腌渍。

蔬菜的预处理不仅可以去掉蔬菜中多余的水分，使盐分渗入到蔬菜中，还可以在泡菜装坛前杀灭细菌，使盐水和泡菜更为清洁卫生。

在进行预处理的时候，要注意盐分的用量和腌渍的时间，这不能一概而论，需要视蔬菜的质地而定。各类蔬菜的质地不同，有一些蔬菜质地细嫩，组织较薄，含水量高，盐分容易渗透，则需要缩短其腌渍时间；有一些蔬菜质地结实，含水量低，盐分渗透缓慢，故需要延长腌渍时间或者增加用盐分量。另外，我们在保证泡菜质量的基础上，可以根据自己的口味来进行酌量增减盐分和浸泡时间。

原料的预处理，除了腌渍外，还包括处理蔬菜的颜色、异味等问题。绿叶类蔬菜含有较浓的色素，预处理后可去掉部分色素，这不仅利于它们定色、保色，而且可以消除或减轻对泡菜盐水的影响。有些蔬菜，如莴笋、包菜、胡萝卜等，含苦涩、土臭等异味，经预处理可基本上将异味除去。

3 制作盐水

原料处理好后，就需要配制盐水，如果用的是老盐水，则可以对老盐水进行改进，如加入盐或者其他，但不需要重新配制，如果没有老盐水，则需要配制盐水。

泡菜盐水，指的是用来腌渍蔬菜的盐水；泡盐水，则是指配制盐水的过程。

配制盐水的水宜用硬水，尤其是富含矿物质的硬水，如井水和矿泉水，其腌制出来的泡菜成品更为鲜脆，硬度较大的自来水也可使用，很多家庭也是直接使用自来水。但是，经过处理的软水就不适宜用来配制盐水。用来配制盐水的盐，则有海盐、岩盐、井盐等，其中最适合用来配制盐水的是井盐。我们平常所用的盐，大部分都可用来配制盐水。

盐水的分类和配制方法

泡菜盐水可分为“洗澡盐水”“新盐水”“老盐水”和“新老混合盐水”。

洗澡盐水

洗澡盐水是指需要边泡边吃的蔬菜使用的盐水，用约100毫升冷开水、28克盐与25%～30%老盐水配制而成，最后再加上其他所需佐料。

新盐水

新盐水是新配制的盐水，用100毫升冷开水与25克盐，加上20%的老盐水与其他佐料一起配制而成。用新盐水泡好菜后取出，及时放入新的菜，如此循环往复，则越泡越老，泡菜越泡越好吃。

老盐水

老盐水，俗称母水，是有两年以上的泡菜盐水，中国古时有不少地方以老盐水作为闺女的嫁妆，可传几代，且传女不传男，可见老盐水的价值所在。

新老混合盐水

新老混合盐水，是用一半新盐水与一半老盐水混合而成的盐水。新盐水泡制的泡菜品质不如老盐水，但如果找不到足够老盐水，也可用新老混合盐水。

盐水的配制，除了用盐外，常常还会根据原料和喜好加入其他佐料或香料，如花椒、大蒜、姜、辣椒、糖、白酒、醋、干辣椒等。

原理

在这个过程中，运用了盐水灭菌的原理。泡菜必须用盐水腌渍，或者先用盐腌渍后再放入盐水中浸泡，利用盐水的高渗透压作用使细菌失水死亡。

4 装坛

盐水配制好后，就把已晾干表面水分的蔬菜装入坛中，最后盖上坛盖，往坛沿的水槽中注入适量清水，将泡菜坛密封，使坛内与空气隔绝。

泡菜坛的选择

工欲善其事必先利其器，要制作出好泡菜，首先得选购一个好泡菜坛。

泡菜坛，又名水坛子，是腌制泡菜的必备容器。传统的泡菜坛以陶土为原料，两面上釉烧制而成，两头小、中间大，坛口边缘设有一圈水槽，即坛沿。泡菜坛有抗酸、抗碱、抗盐、密封的特点，可以自动排气而又隔离空气。

市场上的泡菜坛良莠不齐，想要选购优质泡菜坛，得掌握一些技巧。选择好的泡菜坛，有以下方法：

①观察泡菜坛的外形：好的泡菜坛其外形有火候好、釉质佳、无砂眼等特点。

②查看泡菜坛的内壁：将泡菜坛放入水中，查看泡菜坛的内壁，若没有砂眼、裂纹且不渗水，才是好的泡菜坛。

③试验泡菜坛的吸水力：在坛沿上渗入一半清水，将一卷纸点燃后放入坛内，然后盖上坛盖，能把沿内的水吸干的则是好的泡菜坛。

④敲坛听声音：用手轻轻敲打一下坛壁，呈钢音的则表明质量好，反之则次。

装坛方法

除了要选择好的泡菜坛外，泡菜的装坛对泡菜的质量更是至关重要，泡菜装坛方法大致可分为三种，分别是干装法、间隔装法、盐水装法。

干装法

干装法是指将泡菜坛洗净抹干后，先装入半坛蔬菜，放上香料，将蔬菜装至八成满，将佐料与盐水拌匀后倒入坛中，直至没过原料，盖紧盖子，往坛沿注入清水即可。适合干装法的是质地轻巧、泡制时间长的蔬菜。

间隔装法

间隔装法是将泡菜坛洗净抹干后，将蔬菜与佐料间隔装至半坛，再放上香料，放入蔬菜至九成满，剩余佐料与盐水拌匀后倒入坛子，最后盖紧坛盖，往坛沿注入清水。间隔装法可使佐料充分发挥作用，更易渗透到蔬菜中，泡菜的质量更好。

盐水装法

盐水装法是将泡菜坛洗净抹干后，先倒入盐水，放入佐料，拌匀，然后装入蔬菜至半坛，再放上香料，然后将蔬菜装至九成，盖紧坛盖，往坛沿注入清水。盐水装法适用于在泡制时能自行沉下去的蔬菜，如根茎类的萝卜等。

原理

将材料装入泡菜坛，最主要是为了隔绝空气。因为绝大部分细菌的生存都需要氧气，隔绝空气之后，会使绝大部分的细菌杂菌因缺氧而死亡。灭菌是泡菜得以保存的首要前提。

装坛的注意要点

概括来说，泡菜装坛必须注意以下几点：

①泡菜坛一定要用清水洗净，然后抹干、晾干，即坛里不能有生水，否则泡菜容易变质。

②严格做好操作者个人、用具和盛器的清洁卫生，使用的筷子、盛器等都不能沾有油荤、生水等。

③蔬菜装坛时，放置应有次序，切忌装得过满，坛内要留下足够的空隙，以备盐水热涨。

④盐水必须淹过所泡原料，以免原料氧化而败味变质。

⑤制作泡菜所需的调料，有些放入盐水就马上拌匀（如白酒、料酒等）；有些则要先溶化后再加入坛里拌匀（如红糖或白糖等）；有些则应随蔬菜合理放置（如甘蔗、干辣椒等）。不同的调料用不同的方式，才能充分发挥它们的作用。

5 管理

蔬菜装坛后，要对其进行管理，密切注意泡菜坛内的状态，观察、检查盐水是否正常等，发现异常需要及时采取措施，以保证泡菜的质量。

常见问题与处理

在腌制泡菜的过程中，有可能出现的问题有：盐水变混浊；盐水发黑；盐水发出恶臭味；盐水内出现蛆虫；盐水出现涨缩或冒泡；盐水长霉。一般情况下，盐水变混浊或涨缩、冒泡，对泡菜质量的影响不大，但若出现蛆虫或者盐水发黑发臭，则不能再用，所泡的蔬菜也不能食用。

最常出现的问题是盐水长霉。盐水中长的霉是一种叫酒花酵母菌的白膜状微生物，具有较强的耐盐性和耐酸性，盐水长了这种霉后，如果不及时处理，容易使泡菜的酸度降低，软化泡菜组织，导致泡菜变质。

盐水长霉的防治措施有：

①若盐水中长霉较严重，需要将泡菜坛倾斜，然后注入新盐水，至霉花从坛内溢出；长霉情况不严重，用工具将霉打捞干净就可以了。

②再加入大蒜、洋葱等有杀菌作用的蔬菜，可将真菌杀死。

③加入白酒，可以阻止真菌继续生长，并抑制真菌的活动。将真菌去掉后，要注意再加入一些香料、蔬菜和佐料。

日常管理

盐水的优劣关乎泡菜的质量，所以盐水的日常管理我们也要注意。

①泡制的过程中，需要不时开坛检查，及时发现盐水或泡菜的异常霉变。

②要注意保持坛沿上一直有清水，以保证空气和细菌不进入坛中，且坛沿的清水要常换，水少了要增加。

③揭坛盖时，不能把生水带入坛内。

④将泡菜取出来时，手或竹筷不能带有油荤或者其他细菌杂物。

原理

泡菜入坛后腌泡的过程，是形成泡菜风味最重要的过程。在腌泡过程中，坛内乳酸会发酵，坛内也进行着醇化反应，从而形成了泡菜的特殊风味。

发酵

蔬菜和空气中均带有不同的细菌，将蔬菜放入泡菜坛后，经过盐水灭菌和缺氧灭菌，泡菜坛里的多数细菌都难以生存，但乳酸菌会得以存活，因为乳酸菌耐盐而且属于厌氧菌，在隔绝空气后，乳酸菌不仅没有因缺氧而死，缺氧的条件还为乳酸菌创造了良好的生长条件，使得乳酸菌成为泡菜坛中的优势菌落。乳酸菌在缺氧条件下发酵，分解蔬菜中的碳水化合物、有机物等物质，产生乳酸，形成了酸性环境，从而使细菌死亡，形成了菜酸性特殊风味。乳酸菌的发酵作用是泡菜制作最核心的原理。

醇化

在乳酸菌发酵、分解有机物的同时，会产生二氧化碳、醋酸、乙醇、高级醇、芳香族酯类等物质，使泡菜与其产生醇化反应，并结合泡菜中加入的其他香料、佐料等，让泡菜的特殊风味更为突出。

Part 2 家常泡菜

在我国，很多家庭都会备有泡菜，而多少人出门在外却心中挂念家中的美味泡菜，这就是泡菜的非凡魅力。那些最为家常的泡菜，有着最令人难以忘怀的味道，触动的不仅是味蕾，还有心弦。本章将为大家介绍精选的传统家常泡菜，让您无论身在何方，动动手就可品尝心中怀念的美味泡菜。

叶菜类

泡香辣白菜条

原料

大白菜200克，红椒20克

调料

干辣椒、辣椒粉、葱末各少许，白酒15毫升，白醋50毫升，盐30克

做法

1 大白菜洗净，把菜梗、菜叶分别切成条；红椒去蒂洗净，去籽切丝。

2 把切好的红椒丝、备好的葱末、干辣椒、辣椒粉、白醋、盐、适量矿泉水倒入碗中，再倒入切好的大白菜，搅拌均匀。

3 将拌好的大白菜转到干净的玻璃罐中，压紧压实，再倒入碗中的剩余泡汁。

4 往玻璃罐中加少许白酒。

5 盖上盖，在室温下密封7天。

6 将腌好的泡菜取出即可。

用泡菜做好菜

泡白菜炒鸡丝

原料 白灵菇、泡白菜条各200克，鸡肉150克，红椒丝30克

调料 生抽5毫升，水淀粉、食用油各适量，盐、鸡粉、葱段、蒜片各少许

做法

1 白灵菇洗净，切条；鸡肉洗净，切丝。
2 往沸水锅中倒入白灵菇，煮熟捞出。
3 起油锅，倒入鸡肉丝，稍炒片刻，放入蒜片，炒香。
4 倒入白灵菇，淋入生抽，翻炒至熟，放泡白菜条，倒入红椒丝炒匀，加盐、鸡粉炒至入味。
5 放葱段炒匀，淋水淀粉勾芡即可。

泡白菜拌胡萝卜

原料 泡白菜条120克，胡萝卜200克，青椒丝35克

调料 盐3克，鸡粉2克，生抽3毫升，陈醋6毫升，芝麻油适量，蒜末、葱花各少许

做法

1 泡白菜条取梗切丝；胡萝卜洗净，去皮切丝。
2 往沸水锅中加盐、胡萝卜丝，煮1分钟，加青椒丝，煮半分钟，捞出。
3 将胡萝卜丝、青椒丝装碗，倒入泡白菜梗丝，加盐、鸡粉、生抽、陈醋、芝麻油。
4 撒上蒜末、葱花，拌至入味即可。

泡蒜味白菜

原料

大白菜100克

调料

葱末、姜末、蒜末、辣椒粉、白糖各少许，白酒10毫升，白醋30毫升，盐20克

做法

1 大白菜洗净，切成块，装碗，加适量盐、白糖，加入白醋、白酒，搅拌均匀。
2 将蒜末、姜末、葱末、辣椒粉倒入大白菜中，拌匀。
3 往大白菜碗中加入适量矿泉水，搅拌。
4 把所有材料装入玻璃罐中压实，倒入剩余泡汁。
5 盖上盖，在室温下密封7天，取出即可。

用泡菜做好菜

泡蒜味白菜炒五花肉

原料 泡蒜味白菜160克，五花肉片150克，水发粉丝240克

调料 盐2克，生抽、老抽、料酒各3毫升，胡椒粉、食用油各适量，蒜末、葱段各少许

做法

1 水发粉丝洗净，切段。
2 用油起锅，倒入五花肉炒匀，加老抽、蒜末、葱段炒香，加泡蒜味白菜、粉丝炒软。
3 加盐、生抽、料酒、胡椒粉炒匀入味即可。

泡椒盐白菜

原料

白菜300克，红辣椒30克

调料

盐适量，花椒5克

做法

1 白菜、红辣椒洗净；往锅中注水烧开，放入白菜，煮软后捞出。
2 取玻璃罐，放入部分红辣椒、花椒、白菜，压实。
3 加盐和花椒，再放入部分白菜，压实。
4 加盐和花椒，放入余下的白菜，压实。
5 加盐和余下的花椒、红辣椒，倒入矿泉水。
6 盖上盖密封3天，取出即可。

用泡菜做好菜

泡椒盐白菜焖火焙鱼

原料 火焙鱼、泡椒盐白菜各200克

调料 盐、鸡粉各3克，红椒块15克，姜片、葱段、蒜末、料酒、生抽各少许，水淀粉、食用油各适量

做法

1 取泡椒盐白菜切块；火焙鱼炸好备用。
2 锅留底油，下姜片、葱段、蒜末、红椒爆香，加火焙鱼、料酒、生抽炒匀。
3 倒入泡椒盐白菜炒匀，加水、盐、鸡粉焖1分钟，倒入水淀粉勾芡，炒匀即可。

泡酸辣包菜

原料

包菜300克

调料

辣椒面7克，干辣椒10克，白酒15毫升，白醋50毫升，盐30克

做法

1 包菜洗净，切成块状，装入容器中。
2 取一个干净的大碗，倒入备好的干辣椒、辣椒面、盐，再淋入适量白醋、白酒，加入适量矿泉水，用勺子搅拌均匀。
3 把包菜倒入碗中，搅拌均匀。
4 将拌好的材料连汤汁一起盛入玻璃罐中。
5 盖紧盖子，将玻璃罐密封，放在阴凉干燥处，温度保持在6~18℃，浸泡7天左右。
6 将腌好的包菜取出即可。

用泡菜做好菜

泡酸辣包菜炒猪心

原料 猪心200克，泡酸辣包菜200克，彩椒丝50克

调料 盐、鸡粉各3克，蚝油5克，料酒、生抽各4毫升，生粉、食用油、水淀粉各适量，蒜片、姜片各少许

做法

1 取泡酸辣包菜，过一下凉开水，捞出沥干水分；猪心洗净，切片，加盐、鸡粉、料酒、生粉拌匀，腌渍10分钟。

2 猪心入沸水锅中，汆水捞出。

3 用油起锅，下姜片、蒜片爆香，倒入泡酸辣包菜、猪心炒匀，加彩椒、蚝油、生抽、盐、鸡粉炒匀，倒入水淀粉勾芡即可。

泡酸辣包菜回锅肉

原料 泡酸辣包菜150克，五花肉300克，红椒片20克

调料 盐3克，鸡粉3克，豆瓣酱、料酒、老抽、生抽、水淀粉各适量，姜片、蒜末、葱白各少许

做法

1 往锅中注水，放入五花肉，烧开后继续煮15分钟，捞出，放凉后切片。

2 用油起锅，下姜片、蒜末、葱白爆香，放入五花肉炒至出油。

3 加老抽、料酒炒香，倒入泡酸辣包菜、红椒，加入盐、鸡粉、生抽、豆瓣酱炒匀。

4 倒入水淀粉勾芡，炒匀即可。

泡嫩芥菜

原料

嫩芥菜300克

调料

草果5克，八角5克，干辣椒4克，花椒粉适量，沙姜10克，盐25克，冰糖20克

做法

1 将嫩芥菜洗净，切开菜头；沙姜、草果均洗净拍碎。
2 往锅中注入适量清水，大火烧开，放入切好的芥菜，搅拌均匀，焯烫。
3 捞出芥菜，放入凉开水中浸泡片刻，捞出，沥干水分。
4 取部分干辣椒、八角、草果、沙姜放于坛底，再放入一层芥菜，再将余下的草果、八角、干辣椒、沙姜放入，铺放好。
5 加入适量盐、冰糖、花椒粉，倒入约500毫升矿泉水。
6 盖上盖子，往坛沿上注入适量水，将泡菜坛置于阴凉处腌渍6天，取出即可。

用泡菜做好菜

泡嫩芥菜炖鲇鱼

原料 鲇鱼块400克，泡嫩芥菜70克

调料 盐3克，生抽9毫升，豆瓣酱8克，鸡粉4克，白糖2克，料酒4毫升，生粉12克，水淀粉、食用油各适量，姜片、葱段、八角、蒜瓣各少许

做法

1 泡嫩芥菜切片；鲇鱼块洗净，加生抽、盐、鸡粉、料酒、生粉腌渍。
2 油锅烧热，将鲇鱼块炸好捞出。
3 油锅烧热，下姜片、八角爆香，放入泡嫩芥菜，加豆瓣酱、生抽、盐、鸡粉、白糖炒匀，加水煮沸。
4 倒入鲇鱼炒匀，加水淀粉炒匀盛出，撒上葱段即可。

泡嫩芥菜蒸冬瓜

原料 冬瓜肉220克，泡嫩芥菜140克

调料 鸡粉2克，老抽2毫升，生抽4毫升，水淀粉适量

做法

1 将泡嫩芥菜切成细末；冬瓜洗净，去皮，切块。
2 炒锅置火上，倒入泡嫩芥菜末炒干水分，加鸡粉、老抽，炒匀盛出。
3 取蒸碗，放入冬瓜块，摆好，撒上泡嫩芥菜，铺开摊平，入蒸锅中火蒸20分钟至熟，取出，倒扣盘中。
4 滤出汤汁，倒入锅中加热，略煮，加鸡粉、生抽拌匀，用水淀粉勾芡成味汁，浇在冬瓜上即可。

油菜泡菜

原料

油菜500克，蒜苗40克

调料

盐15克，红椒15克

做法

1 油菜、蒜苗均洗净，切段；红椒洗净，去蒂，切圈。
2 油菜装碗，加盐，挤出汁水。
3 往碗中加入红椒圈、蒜苗，搅拌均匀。
4 将拌好的油菜盛入干净的玻璃罐中，加入清水。
5 盖上盖密封，置于干燥阴凉处浸泡3天左右。
6 泡菜制成，取出装入盘中即可。

用泡菜做好菜

油菜泡菜虾煲

原料 豆腐160克，虾仁、油菜泡菜、咸肉片各75克，干贝25克

调料 盐2克，鸡粉、姜片、葱段各少许，料酒5毫升，高汤350毫升

做法

1 虾仁洗净，去虾线；豆腐洗净，切块。
2 砂锅置火上，倒入高汤，放入洗净的干贝、咸肉片，加姜片、葱段、料酒，烧开后用小火煮30分钟。
3 加盐、鸡粉，倒入虾仁、豆腐块、油菜泡菜，续煮10分钟至熟即可。

什锦酸菜

原料

白菜150克，黄瓜100克，胡萝卜70克，洋葱50克，红椒20克

调料

白糖10克，白酒15毫升，白醋50毫升，盐30克

做法

1 将黄瓜、红椒均洗净切片；胡萝卜去皮，洗净，切片，焯水；白菜洗净切块；洋葱去皮洗净，切块，备用。

2 矿泉水倒入碗中，加盐、白糖、白酒拌成泡汁。

3 往玻璃罐中倒入泡菜，压紧压实，倒入泡汁、白醋。

4 盖上盖密封7天即可。

用泡菜做好菜

什锦酸菜肉末卷

原料 白菜叶75克，鸡蛋1个，肉末85克，什锦酸菜60克

调料 盐1克，鸡粉1克，生抽2毫升，芝麻油、面粉各适量

做法

1 鸡蛋打开，调成蛋液；什锦酸菜切末；白菜叶洗净，入沸水锅煮软捞出。

2 往碗中加肉末、什锦酸菜末、鸡粉、盐、生抽、蛋液、面粉和芝麻油拌成馅料。

3 白菜叶铺开，放入馅料，卷起包好，放入蒸锅蒸10分钟至熟，取出即可。

泡咸酸味芹菜

原料

芹菜300克，胡萝卜条适量

调料

蒜瓣少许，盐25克，白醋20毫升

做法

1 将芹菜洗净，切段，装入碗中。
2 将备好的胡萝卜条、蒜瓣和适量盐倒入碗中，搅拌均匀，再倒入适量白醋、矿泉水，搅拌均匀。
3 取一个干净的玻璃罐，将拌好的芹菜转到玻璃罐中，压至紧实。
4 将剩余泡汁倒入玻璃罐中。
5 盖上盖，在室温下密封5～6天。
6 将泡好的芹菜取出即可。

用泡菜做好菜

泡芹菜彩椒肉片

原料 猪瘦肉270克，泡咸酸味芹菜120克，彩椒80克

调料 盐、鸡粉各3克，生抽、生粉、水淀粉、料酒、食用油各适量，姜片、蒜末、葱段各少许

做法

1 彩椒洗净去籽，切丝；猪瘦肉洗净，切片，加盐、鸡粉、生粉、水淀粉拌匀，注油腌渍入味，滑油捞出。
2 锅底留油烧热，下姜片、葱段、蒜末爆香，放入彩椒、肉片、泡咸酸味芹菜，加盐、鸡粉、料酒，炒匀。
3 倒入水淀粉勾芡，盛出即可。

泡芹菜炒杏鲍菇

原料 杏鲍菇130克，泡咸酸味芹菜70克，彩椒50克

调料 盐3克，鸡粉、蒜末各少许，水淀粉3毫升，食用油适量

做法

1 杏鲍菇洗净，切条；彩椒洗净，切条。
2 往锅中注水烧开，加盐、食用油，倒入杏鲍菇，煮沸，放入彩椒，煮至断生，捞出。
3 用油起锅，下蒜末爆香，倒入焯过水的食材、泡咸酸味芹菜，炒匀，加盐、鸡粉，炒匀调味。
4 淋入水淀粉勾芡，盛出即可。

泡酸辣芹菜

原料

芹菜150克，红椒30克

调料

白糖8克，花椒少许，米醋30毫升，盐20克

做法

1 芹菜洗净，切丁；红椒去蒂，洗净，切丁。
2 将芹菜装碗，加盐、红椒丁、花椒，拌匀。
3 加入白糖、米醋，拌匀。
4 将拌好的芹菜加入适量矿泉水，搅拌。
5 把芹菜装入玻璃罐中。
6 盖上盖，在室温下密封约3天，取出即可。

用泡菜做好菜

泡芹菜炒猪皮

原料 泡酸辣芹菜70克，红椒丝30克，猪皮110克

调料 豆瓣酱6克，盐2克，白糖、生抽、料酒、水淀粉、食用油各适量，姜片、葱段各少许

做法

1 猪皮洗净，切条，入沸水锅煮熟备用。
2 用油起锅，下姜片、葱段爆香，倒入猪皮，加料酒、白糖、生抽炒匀。
3 倒入红椒、泡酸辣芹菜炒匀，加豆瓣酱、盐炒匀，用水淀粉勾芡即可。

泡香芹

原料

香芹150克

调料

白糖15克，白醋15毫升，红椒、盐各20克，葱白30克，白酒30毫升

做法

1 香芹洗净，切段；红椒洗净，对半切开，切成片。
2 将香芹装碗，加红椒、葱白、盐、白糖拌匀。
3 加白酒、白醋和200毫升凉开水拌匀。
4 将拌好的香芹放入玻璃罐中，压实。
5 盖上盖密封，置于阴凉处浸泡1天。
6 泡菜制成，取出即可。

用泡菜做好菜

泡香芹炒虾仁

原料 泡香芹、虾仁各60克，水发黑木耳40克，胡萝卜片少许

调料 盐2克，料酒、水淀粉、鸡粉食用油各适量，姜片、葱段各少许

做法

1 黑木耳洗净，切块，焯水备用；虾仁洗净，加盐、鸡粉、水淀粉拌匀，注油腌渍10分钟。
2 油锅下胡萝卜片、姜片、葱段爆香，加虾仁、料酒炒匀，倒入黑木耳、泡香芹、盐炒匀，用水淀粉勾芡即可。

泡蕨菜

原料

蕨菜300克，朝天椒15克

调料

蒜瓣10克，盐20克，白糖40克，白醋45毫升

做法

1 将蕨菜洗净，切成等长的段，装入玻璃碗中；朝天椒洗好，拍碎备用。

2 将朝天椒、蒜瓣放入碗中，加盐、白糖、白醋。

3 再倒入约300毫升的矿泉水，用汤勺搅拌均匀。

4 将蕨菜放入玻璃罐中，再将碗中的泡菜汁倒入罐中。

5 盖上盖密封，置于阴凉处，泡制7天后取出即可。

用泡菜做好菜

泡蕨菜炒冬笋

原料 冬笋100克，泡蕨菜150克，红椒丝20克

调料 盐、鸡粉、蚝油、食用油、豆瓣酱、水淀粉各适量，姜丝、葱白各少许

做法

1 冬笋去皮，洗净，切丝，放入沸水锅中加盐、鸡粉、食用油，煮沸后捞出。

2 锅中注油烧热，下姜丝、葱白、红椒炒香，加冬笋、泡蕨菜炒匀。

3 加盐、鸡粉、豆瓣酱、蚝油炒匀，加水淀粉勾芡即可。

泡香椿

原料

香椿300克

调料

白醋少许，盐25克，白糖20克

做法

1 将香椿洗净，切去老茎，放入盆中。
2 往盆中加入盐，抓匀，挤出香椿中腌渍出的水分。
3 把白糖倒入盆中，加入白醋，拌匀。
4 将拌好的香椿放入干净的玻璃罐中。
5 盖上盖子密封，置于18~25℃的阴凉处，腌渍3天左右。
6 将香椿泡菜制成，取出盛入盘内即可。

用泡菜做好菜

泡香椿炒肉末

原料 泡香椿100克，红椒丁15克，肉末120克

调料 盐2克，味精2克，生抽、料酒、水淀粉、食用油各适量，蒜末少许

做法

1 将泡好的香椿切成1厘米长的小段。
2 用油起锅，倒入肉末炒至转色，倒入蒜末炒匀，加生抽、料酒炒香，倒入香椿，炒熟，加入红椒丁炒匀。
3 加盐、味精炒匀，淋入水淀粉勾芡，炒匀入味，盛出即可。

根茎类

泡洋葱

原料

洋葱150克

调料

盐15克，白醋15毫升，白糖10克，朝天椒15克

做法

1 洋葱去皮，洗净，切成粗丝；朝天椒洗净，拍碎。
2 将洋葱与朝天椒放入碗中，加入备好的盐，淋入适量白醋，撒入白糖，用筷子拌匀。
3 倒入适量矿泉水，搅拌均匀。
4 取一个干净的玻璃罐，将拌好的材料连泡汁一起装入玻璃罐中，压实压紧。
5 将盖子盖上，拧紧密封，置于阴凉处4～5天。
6 洋葱泡菜制成，打开盖子，用筷子将泡好的洋葱取出，装入盘中食用即可。

用泡菜做好菜

泡洋葱拌豆芽

原料 黄豆芽100克，泡洋葱90克，胡萝卜40克

调料 盐2克，生抽4毫升，陈醋3毫升，辣椒油、芝麻油各适量，蒜末、葱花各少许

做法

1 胡萝卜去皮洗净，切丝；黄豆芽洗净。

2 往锅中注水烧开，放入黄豆芽、胡萝卜，煮至断生，捞出。

3 把焯煮好的食材装入碗中，放入泡洋葱，加入蒜末、葱花、生抽。

4 再加入盐、陈醋、辣椒油，淋入少许芝麻油拌匀盛出即可。

泡洋葱豆干炒牛肉

原料 豆干120克，牛肉200克，泡洋葱、彩椒条各50克

调料 盐、鸡粉各3克，生抽3毫升，水淀粉、料酒各10毫升，蚝油8克，食用油适量，姜片、蒜末、葱段各少许

做法

1 豆干洗净，切条；牛肉洗净，切条，加盐、鸡粉、生抽、水淀粉、食用油腌渍10分钟，入油锅炒匀盛出。

2 锅底留油，下姜片、蒜末、葱段爆香，倒入豆干、泡洋葱、彩椒炒匀。

3 下牛肉条略炒，加料酒、蚝油、盐、鸡粉炒匀，淋水淀粉勾芡即可。

泡五香洋葱

原料

洋葱150克

调料

干辣椒7克，八角、花椒、桂皮各少许，米酒30克，盐、红糖各20克

做法

1 洋葱去皮，洗净，切丝，装碗，加盐拌匀。
2 把花椒、八角、桂皮、干辣椒倒入碗中，加入红糖，拌匀。
3 倒入米酒、适量矿泉水，拌匀。
4 将拌好的洋葱装入干净的玻璃罐中。
5 盖上盖，在室温下密封5天，取出即可。

用泡菜做好菜

泡洋葱蒸排骨

原料 水发小米200克，排骨段300克，泡五香洋葱35克

调料 盐3克，姜丝、白糖、老抽各少许，生抽3毫升，料酒6毫升

做法

1 排骨段洗净装碗，放入泡五香洋葱，撒上姜丝，拌匀，加盐、白糖、料酒、生抽、老抽，拌匀。
2 倒入洗净的小米，拌匀。
3 把拌好的材料装入蒸碗中腌渍20分钟，放入蒸锅蒸35分钟，取出即可。

泡辣味苤蓝

原料

苤蓝300克

调料

红糖5克，干辣椒2克，八角、桂皮各1克，盐20克，米酒40克

做法

1 苤蓝洗净，去皮，切丝。
2 将苤蓝丝放入沸水中烫2分钟，滤出，盛入碗中，加盐拌匀。
3 倒入红糖、米酒、干辣椒、八角、桂皮拌匀，加入200毫升矿泉水拌匀。
4 将拌好的苤蓝丝盛入玻璃罐中，压实，倒入泡菜汁。
5 盖上盖密封，置于阴凉处泡制3天，取出装盘即可。

用泡菜做好菜

泡苤蓝炒韭菜

原料 韭菜180克，泡辣味苤蓝150克，红椒丝20克

调料 盐2克，鸡粉2克，水淀粉2毫升，食用油适量

做法

1 韭菜洗净，切段。
2 用油起锅，倒入韭菜、红椒丝，翻炒匀，放入泡辣味苤蓝，翻炒至熟软。
3 加入盐、鸡粉，炒匀调味，淋入适量水淀粉勾芡，关火后盛出即可。

泡咸酸味胡萝卜

原料

胡萝卜200克

调料

盐、白醋各适量

做法

1 将胡萝卜洗净，去皮，切成块。
2 把切好的胡萝卜装入碗中，加入适量盐，搅拌均匀。
3 往碗中加入适量白醋和适量矿泉水，搅拌均匀。
4 取一个干净的玻璃罐，将拌好的胡萝卜装入玻璃罐中，倒入剩余泡汁。
5 盖上盖，在室温下密封约7天。
6 打开盖，用汤勺将泡好的胡萝卜取出，装入盘中食用即可。

用泡菜做好菜

泡胡萝卜炒鸭丁

原料 鸭肉丁300克，豌豆120克，泡咸酸味胡萝卜60克，圆椒丁20克，彩椒丁20克

调料 盐、白糖、胡椒粉各3克，生抽、料酒、水淀粉、食用油各适量，姜片、葱段各少许

做法

1 泡胡萝卜切丁；鸭丁加盐、生抽、料酒、水淀粉拌匀，注油腌渍10分钟；豌豆、彩椒、圆椒均焯水。

2 用油起锅，下姜片、葱段爆香，放入鸭肉、料酒炒匀。

3 放入焯过的食材、泡胡萝卜，加盐、白糖、胡椒粉炒至食材熟即可。

泡胡萝卜炖牛腩

原料 熟牛腩400克，泡咸酸味胡萝卜100克，红椒块、青椒块各30克

调料 水淀粉、料酒各10毫升，豆瓣酱10克，生抽8毫升，食用油适量，姜片、蒜末、葱段、香叶各少许

做法

1 熟牛腩切块。

2 油锅烧热，下香叶、蒜末、姜片炒香，倒入牛腩块炒匀，加料酒、豆瓣酱、生抽炒匀，加水炖1小时。

3 放入咸酸味胡萝卜块，用大火焖10分钟。

4 放入青椒、红椒，炒匀，倒入水淀粉勾芡，挑出香叶，放葱段即可。

泡糖醋胡萝卜

原料

胡萝卜400克

调料

盐5克，白糖3克，白醋适量

做法

1 胡萝卜去皮，洗净，切段，装入碗中。
2 往碗中加盐抓匀，加入清水抓匀，腌渍1小时。
3 用清水把腌好的胡萝卜洗净，装入碗中，加入白糖、白醋、150毫升矿泉水，拌匀。
4 把胡萝卜装入玻璃罐中，倒入泡菜汁。
5 盖上盖，置于阴凉干燥处密封4天，取出即可。

用泡菜做好菜

泡糖醋胡萝卜糙米糕

原料 泡糖醋胡萝卜250克，水发糙米300克，糯米粉20克

做法

1 将泡糖醋胡萝卜切成丝。
2 取一碗，倒入泡糖醋胡萝卜丝、糙米、糯米粉，注入适量清水，拌匀，盛入备好的碗中。
3 蒸锅注水烧开，加入糙米、泡胡萝卜丝，加盖，大火蒸30分钟。
4 揭盖取出放凉后倒扣在盘中，切成数份，装入备好的盘中即可。

泡糖醋萝卜

原料

白萝卜300克

调料

白糖10克，辣椒面7克，白醋45毫升，盐30克，红椒圈20克

做法

1 白萝卜去皮，洗净，切片。
2 将白萝卜装碗，加盐拌匀。
3 把白糖、白醋、辣椒面、红椒圈倒入白萝卜中，再倒入适量矿泉水，拌匀。
4 将白萝卜盛入玻璃罐中。
5 把碗里的剩余泡汁倒入玻璃罐中。
6 盖上盖，放在阴凉干燥处，温度保持在6~18℃，密封浸泡约7天即可。

用泡菜做好菜

泡糖醋萝卜炒豆芽

原料 泡糖醋萝卜200克，黄豆芽180克，彩椒丝40克

调料 盐4克，蚝油10克，水淀粉6毫升，食用油适量，姜末、蒜末各少许

做法

1 取泡糖醋萝卜切丝；黄豆芽洗净。
2 将黄豆芽、彩椒丝均焯水备用。
3 用油起锅，下姜末、蒜末爆香，倒入黄豆芽、彩椒丝、泡糖醋萝卜丝炒匀。
4 加盐、蚝油炒匀，用水淀粉勾芡，盛出即可。

萝卜时蔬泡菜

原料

白萝卜200克，芹菜、泡椒各13克，胡萝卜、黄瓜各50克，红椒20克

调料

白酒12毫升，白醋50毫升，盐30克

做法

1 胡萝卜、白萝卜均洗净去皮，切条；黄瓜、红椒均洗净切条；芹菜洗净，切段。
2 将白萝卜、胡萝卜加盐拌匀，加黄瓜、芹菜、红椒、泡椒、白酒、白醋，拌匀。
3 把材料装入玻璃罐中，压实压紧，盖上盖，在室温下密封1天，取出即可。

用泡菜做好菜

萝卜时蔬泡菜包饭

原料 寿司紫菜1张，萝卜时蔬泡菜100克，鸡蛋1个，糯米饭300克

调料 盐5克，寿司醋4毫升

做法

1 取萝卜时蔬泡菜切成细长条；鸡蛋打入碗中，加盐，打散调匀。
2 油锅烧热，倒入蛋液，摊成蛋皮，盛出切条；糯米饭加寿司醋、盐拌匀。
3 取竹帘，放上寿司紫菜，铺上米饭，压平，放上萝卜时蔬泡菜、蛋皮，卷起竹帘，压成紫菜包饭，切段装盘即可。

泡山椒萝卜

原料

白萝卜300克，泡椒50克

调料

白酒15毫升，白糖10克，盐30克

做法

1 白萝卜洗净去皮，切条，盛入碗中。
2 加盐、白糖、白酒，拌匀，倒入泡椒，拌匀。
3 往碗中加入约200毫升矿泉水，搅拌。
4 将拌好的白萝卜盛入玻璃罐中。
5 盖上盖，置于阴凉干燥处，温度保持在6~18℃，密封浸泡约7天，取出即可。

用泡菜做好菜

泡山椒萝卜炒鸭心

原料 鸭心180克，泡山椒萝卜130克，彩椒20克

调料 盐、鸡粉、白糖各2克，料酒、水淀粉、葱段各少许，食用油适量

做法

1 彩椒洗净，切条；鸭心洗净，切片，加盐、料酒、水淀粉拌匀腌渍10分钟。
2 彩椒焯水备用。
3 用油起锅，倒入鸭心炒匀，加料酒、葱段炒香，倒入彩椒、泡山椒萝卜，炒匀，加白糖、鸡粉炒匀盛出即可。

泡萝卜干

原料

萝卜干300克

调料

辣椒面10克，白酒15毫升，白醋50毫升，盐30克

做法

1 萝卜干洗净，切成段，装入碗中。
2 往碗中加入适量盐，放入适量辣椒面，淋入适量白酒、白醋，搅拌均匀。
3 往萝卜干中加入适量矿泉水，搅拌均匀。
4 取一个干净的玻璃罐，把拌好的萝卜干连泡汁一起装到玻璃罐中，压紧压实。
5 盖上盖，在室温下密封7天。
6 打开盖，用汤勺将腌好的泡菜取出，装入盘中即可食用。

用泡菜做好菜

泡萝卜干炒鸡蛋

原料 泡萝卜干120克，鸡蛋2个，肉末30克

调料 盐、鸡粉各2克，生抽3毫升，水淀粉、食用油各适量，干辣椒5克，葱花少许

做法

1 鸡蛋打开，加盐、鸡粉、水淀粉，拌成蛋液，入油锅，翻炒片刻，盛出装碗。

2 锅留底油烧热，放入肉末炒散，淋生抽炒匀，放入干辣椒炒香。

3 倒入泡萝卜干炒匀，放入鸡蛋炒散，加盐、鸡粉，翻炒入味。

4 盛出装盘，点缀上葱花即可。

泡萝卜干炒青椒

原料 泡萝卜干120克，青椒80克

调料 盐、鸡粉各2克，豆瓣酱15克，食用油适量，蒜末、葱段各少许

做法

1 青椒洗净去籽，切粒。

2 往锅中注水烧开，倒入泡萝卜干，拌匀略煮，捞出沥干水分。

3 用油起锅，下蒜末、葱段爆香，放入青椒炒匀。

4 放入泡萝卜干，翻炒片刻，加入适量豆瓣酱，炒匀。

5 加盐、鸡粉，炒匀调味即可。

咸味什锦泡菜

原料

苤蓝200克，白萝卜300克

调料

盐3克，白醋15毫升，白酒15毫升，蒜瓣30克，葱白20克

做法

1 白萝卜去皮，洗净，切丝；苤蓝去皮，洗净，切丝。
2 将白萝卜丝、苤蓝丝装入碗中，加盐拌匀。
3 加白醋、白酒、蒜瓣、葱白拌匀，倒入200毫升矿泉水拌匀。
4 将材料盛入玻璃罐中，压实，倒入剩余的泡菜汁。
5 盖上盖，放置在阴凉处密封2天，取出装盘即可。

用泡菜做好菜

什锦泡菜白玉卷

原料 白菜叶75克，豆腐220克，彩椒15克，菠菜35克，咸味什锦泡菜50克

调料 盐2克，鸡粉2克，水淀粉适量

做法

1 菠菜洗净，切碎；彩椒洗净，切丁；豆腐洗净，碾成泥；什锦泡菜切丁。
2 将豆腐泥装碗，放入菠菜、彩椒丁、泡菜丁，加盐、鸡粉拌成馅料。
3 白菜叶洗净焯熟，放入馅料卷好，放入烧开的蒸锅蒸20分钟取出，浇上用盐、鸡粉、水淀粉炒成的味汁即可。

醋泡藠头

原料

藠头70克

调料

白酒10毫升，白糖8克，白醋30毫升，盐20克

做法

1 藠头洗净，倒入碗中，加盐拌匀。
2 将少许白酒倒入碗中，与藠头一起搅拌均匀。
3 把白醋、白糖倒入碗中。
4 把藠头与所有调料一起搅拌均匀。
5 将拌好的藠头和剩余泡汁转入玻璃罐。
6 盖上盖，在室温下密封约7天。
7 将腌好的泡菜取出即可。

用泡菜做好菜

泡藠头炒腊肉

原料 腊肉150克，蒜苗50克，醋泡藠头60克，甜椒片30克

调料 味精3克，水淀粉10毫升，食用油适量，干辣椒1克，葱段、蒜末各少许

做法

1 蒜苗洗净，切段；腊肉切片。
2 用油起锅，倒入腊肉炒香，加洗好的干辣椒、蒜末、葱段、甜椒片炒匀，倒入蒜苗、醋泡藠头炒香，加味精、水、熟油炒匀，加水淀粉勾芡即可。

姜蒜泡椒

原料

红椒200克，姜片30克，蒜瓣25克

调料

白酒15毫升，白糖10克，香叶、八角、桂皮、干姜、花椒各少许，盐25克

做法

1 红椒去蒂，洗净，切成小段，将切好的红椒盛入碗中。
2 往碗中加入适量盐，放入适量白糖，加入备好的蒜瓣、姜片，搅拌均匀。
3 将适量白酒、香叶、八角、桂皮、干姜、花椒加入碗中，把适量矿泉水倒入碗中，拌匀。
4 取一个干净的玻璃罐，将拌好的红椒盛入玻璃罐中。
5 盖上盖密封，放在阴凉干燥处，温度保持在5～19℃，浸泡7天。
6 打开盖子，用筷子将腌好的姜蒜泡菜夹出，装入盘中食用即可。

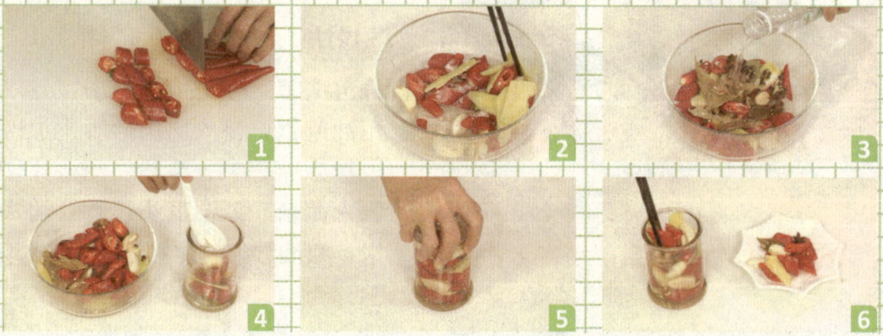

用泡菜做好菜

姜蒜泡椒炒花菜

原料 花菜180克，西红柿100克，姜蒜泡椒20克

调料 盐2克，鸡粉2克，白糖4克，水淀粉6毫升，食用油适量

做法

1 花菜洗净，切小朵；西红柿洗净，切瓣；姜蒜泡椒切小块。

2 往锅中注水烧开，倒入花菜，淋入食用油，拌匀，煮至断生，捞出。

3 用油起锅，倒入花菜、姜蒜泡椒，放入西红柿，用大火快炒。

4 加入盐、鸡粉、白糖，用水淀粉勾芡，炒匀，至食材入味，盛出即可。

姜蒜泡椒爆猪肝

原料 猪肝200克，水发黑木耳80克，胡萝卜60克，青椒块20克，姜蒜泡椒、泡椒各20克

调料 盐3克，豆瓣酱8克，料酒、水淀粉各10毫升，鸡粉、食用油适量，姜片少许

做法

1 黑木耳洗净切片；胡萝卜去皮洗净，切片；猪肝洗净切片，加盐、鸡粉、料酒、水淀粉拌匀腌渍入味。

2 油锅下姜片爆香，加猪肝、料酒、豆瓣酱炒匀，加黑木耳、胡萝卜、青椒、姜蒜泡椒、泡椒炒熟，加盐调味，用水淀粉勾芡，炒匀即可。

四川泡蒜

原料

红皮蒜200克，红椒圈20克

调料

盐50克，花椒30克，干辣椒20克，生姜30克，白酒20毫升

做法

1 将红皮蒜去掉外衣，用水浸泡4天，去除辣味，滤出，装入玻璃罐中，加入红椒圈，备用。

2 往锅中注水烧开，加盐、生姜、干辣椒、花椒，煮制成泡汁，盛入碗中，加白酒后晾凉，倒入玻璃罐中。

3 盖上盖子，密封，置于室温18~25℃的阴凉处浸泡10天。

4 取出即可。

用泡菜做好菜

四川泡蒜炒鸡

原料 鸡腿块250克，彩椒块120克，鸡腿菇块50克，四川泡蒜30克

调料 生抽12毫升，盐4克，水淀粉8毫升，料酒10毫升，食用油适量，水发陈皮6克，姜片、葱段各少许

做法

1 鸡块加生抽、盐、料酒、水淀粉腌渍，滑油捞出；四川泡蒜去除外衣。

2 爆香姜片、葱段，加陈皮、四川泡蒜、鸡块、料酒、鸡腿菇、彩椒、盐、生抽，用水淀粉勾芡，炒匀即可。

泡糖醋蒜瓣

原料

大蒜瓣150克

调料

朝天椒10克，白酒15毫升，白醋、白糖各8克，盐20克

做法

1 取一大碗，加盐、白糖、白醋，拌匀。
2 将白酒倒入碗中，拌匀。
3 加入矿泉水，拌匀。
4 倒入大蒜瓣、朝天椒，搅拌均匀。
5 将拌好的材料盛入玻璃罐中，倒入剩余泡汁。
6 盖上盖，放在阴凉干燥处，温度保持在6～18℃密封浸泡30天左右，取出即可。

用泡菜做好菜

泡蒜瓣烧黄鱼

原料 黄鱼400克，泡糖醋蒜瓣35克

调料 盐、鸡粉各2克，生抽、料酒、生粉、白糖、蚝油、食用油各适量，姜片、葱段、香菜各少许

做法

1 泡糖醋蒜瓣切片；黄鱼洗净，切花刀，加盐、生抽、料酒腌渍15分钟，撒上生粉，入热油锅炸熟备用。
2 油锅下糖醋蒜片、姜片、葱段爆香，加水、调料煮沸，放入黄鱼煮熟盛出，用水淀粉调汁浇鱼上，撒香菜即可。

菌豆类

泡酸辣味黑木耳

原料

水发黑木耳300克，辣椒圈20克

调料

盐、白醋、白糖、食粉各适量，辣椒面7克

做法

1 黑木耳洗净，去除根部，切块。

2 往锅中加入适量清水，大火烧开，倒入处理好的黑木耳，加入适量食粉，搅拌均匀，煮2分钟后捞出，过凉水后沥干水分，装入碗中。

3 往碗中加入辣椒圈、辣椒面、盐、白糖拌匀。

4 把白醋和适量矿泉水倒入碗中，搅拌均匀。

5 将拌好的黑木耳放入干净的玻璃罐中，稍微压实，倒入碗中的剩余泡汁。

6 盖上盖，室温下密封5天左右，取出即可。

用泡菜做好菜

泡黑木耳炒肉丝

原料 蒜薹200克，猪瘦肉200克，彩椒丝30克，泡酸辣味黑木耳60克

调料 盐3克，鸡粉2克，生抽6毫升，水淀粉、食用油各适量

做法

1 蒜薹洗净，切段；猪瘦肉洗净，切丝，加盐、鸡粉、水淀粉拌匀，注油腌渍10分钟。

2 蒜薹、彩椒丝均焯水备用。

3 用油起锅，倒入肉丝炒散，淋入生抽炒匀，倒入蒜薹、彩椒丝、泡酸辣味黑木耳炒熟。

4 加鸡粉、盐炒匀，淋入水淀粉勾芡，盛出即可。

泡黑木耳炒五花肉

原料 五花肉350克，泡酸辣味黑木耳200克，红彩椒块40克，香芹55克，豆瓣酱35克

调料 盐、鸡粉各1克，生抽、水淀粉各5毫升，食用油适量，蒜块、葱段各少许

做法

1 香芹洗净切段；五花肉洗净切片。

2 热锅注油，倒入五花肉煸炒，倒入蒜块、葱段炒匀，放入豆瓣酱，放入泡酸辣味黑木耳炒匀。

3 加入生抽，倒入红彩椒块、香芹，翻炒1分钟至熟，加盐、鸡粉，炒匀至入味，用水淀粉勾芡即可。

泡咸酸味黑木耳

原料

水发黑木耳300克

调料

白糖8克，红椒片、蒜瓣、食粉各少许，盐25克，白醋20毫升

做法

1 黑木耳洗净，去除根部，切成小块，备用。
2 锅中注水烧开，加食粉，放入黑木耳，煮沸捞出，过凉水后沥干水分，装入碗中。
3 加红椒片、蒜瓣、盐、白醋、白糖和矿泉水拌匀。
4 将黑木耳装到玻璃罐中，并倒入剩余泡汁。
5 盖上盖，在室温下密封约5天，取出即可。

用泡菜做好菜

泡咸酸黑木耳炒腰花

原料 猪腰200克，泡咸酸味黑木耳100克，红椒块20克

调料 盐3克，料酒5毫升，生抽、蚝油、水淀粉、食用油各适量，姜片、葱段各少许

做法

1 猪腰洗净去筋膜，切花刀，改切片。
2 猪腰加盐、料酒、水淀粉腌渍入味。
3 爆香姜、葱，倒入红椒、猪腰、料酒、泡咸酸味黑木耳炒匀，加生抽、蚝油、盐调味，用水淀粉勾芡即可。

泡平菇什锦菜

原料

大白菜200克，芹菜60克，平菇50克

调料

干辣椒6克，花椒少许，白酒15毫升，白糖10克，姜片20克，盐30克

做法

1 大白菜洗净切条；芹菜洗净切段；平菇洗净撕条。
2 将大白菜装碗，加盐拌匀，加入芹菜和平菇拌匀，放入姜片、花椒、干辣椒，倒入矿泉水、白酒、白糖，拌匀。
3 把大白菜和泡汁装入玻璃罐中，盖上盖，在室温下密封约4天，取出即可。

用泡菜做好菜

泡平菇什锦炒莴笋

原料 莴笋150克，泡平菇什锦菜100克，红椒片20克

调料 盐3克，鸡粉2克，蚝油5克，生抽3毫升，水淀粉4毫升，食用油适量，姜片、蒜末、葱段各少许

做法

1 莴笋去皮，洗净，切片，焯水备用。
2 油锅烧热，下葱段、姜片、蒜末爆香，倒入莴笋、红椒、泡平菇什锦菜，炒匀，加蚝油、盐、鸡粉、生抽炒匀，用水淀粉勾芡，盛出即可。

泡酸辣蘑菇

原料

香菇300克

调料

干辣椒6克，白酒10毫升，白糖8克，米酒50克，白醋40毫升，盐25克

做法

1 香菇洗净，切去蒂部，盛入碗中。

2 往碗中加入备好的干辣椒，倒入米酒，加入盐、白糖，淋入白醋，再倒入约100毫升矿泉水，加入适量白酒，搅拌均匀。

3 将拌好的香菇盛入玻璃罐中。

4 把碗里的剩余泡汁倒入玻璃罐中。

5 盖上盖，置于阴凉干燥处，温度保持在6～18℃，密封浸泡约7天。

6 将腌好的泡菜取出即可。

用泡菜做好菜

泡酸辣蘑菇蒸蛋

原料 泡酸辣蘑菇45克，鸭蛋2个，肉末200克

调料 盐3克，鸡粉3克，生抽4毫升，食用油适量，葱花少许

做法

1 泡酸辣蘑菇切粒；鸭蛋打开，加盐、鸡粉打散调匀，加温水拌匀，倒入蒸碗。
2 用油起锅，放入肉末炒至变色，加入泡酸辣蘑菇粒炒匀，加生抽、盐、鸡粉炒匀。
3 蛋液放入烧开的蒸锅中，蒸10分钟，放上蘑菇肉末，小火蒸2分钟。
4 取出，撒上葱花，浇上熟油即可。

泡酸辣蘑菇焖土豆

原料 土豆70克，泡酸辣蘑菇60克

调料 盐2克，豆瓣酱6克，生抽4毫升，鸡粉、水淀粉、食用油各适量，干辣椒、蒜末、姜片、葱段各少许

做法

1 泡酸辣蘑菇切块；土豆洗净去皮，切块，入热油锅炸半分钟捞出。
2 锅留底油烧热，放入干辣椒、姜片、蒜末爆香，放入泡酸辣蘑菇块、土豆块炒匀。
3 加豆瓣酱、生抽、鸡粉、盐炒匀，加水煮沸后小火焖10分钟，用水淀粉勾芡，盛出，放上葱段即可。

泡辣味豆角

原料

豆角100克，红椒片20克

调料

白酒10毫升，蒜片、姜丝各10克，干辣椒7克，白醋30毫升，盐20克

做法

1 豆角洗净，切段，装碗。
2 将盐、白酒倒入碗中与豆角一起拌匀。
3 往豆角中倒入红椒、蒜、姜、干辣椒，搅拌均匀。
4 把适量矿泉水、白醋倒入豆角中，拌匀。
5 将豆角装入玻璃罐中。
6 盖上盖，在室温下密封7天，取出即可。

用泡菜做好菜

豆角泡菜炒肉末

原料 肉末300克，泡辣味豆角150克，芽菜120克，红椒块20克

调料 盐2克，鸡粉2克，豆瓣酱10克，生抽适量，食用油适量，蒜末少许

做法

1 泡辣味豆角切小段；
2 用油起锅，倒入肉末，炒至变色，加生抽、豆瓣酱炒匀，放入蒜末炒香。
3 倒入泡辣味豆角、红椒块炒香，放入芽菜炒匀。
4 加盐、鸡粉炒匀，关火后盛出即可。

泡咸酸甜豆角

原料

豆角150克

调料

姜片10克，蒜片7克，花椒少许白酒10毫升，白糖8克，白醋30毫升，盐20克

做法

1 豆角洗净，切成段。
2 将豆角盛入碗中。
3 加入花椒、姜片、蒜片、白酒、白醋、盐、白糖。
4 将豆角及调料搅拌均匀。
5 把豆角装入玻璃罐中。
6 将剩余泡汁倒入干净的玻璃罐中。
7 盖上盖，在室温下密封7天，将腌好的泡菜取出即可。

用泡菜做好菜

泡咸酸甜豆角炖肉

原料 五花肉片200克，泡咸酸甜豆角120克

调料 盐2克，白糖4克，腐乳5克，水淀粉、料酒、生抽、老抽各适量，姜片、蒜末、葱段各少许

做法

1 热锅下五花肉炒出油，加姜片、蒜末、腐乳炒匀，加料酒、白糖、生抽、老抽炒匀，加水、盐炒匀。
2 小火焖20分钟，加泡咸酸甜豆角续焖至熟，用水淀粉勾芡，下葱段炒香即可。

泡酸辣四季豆

原料

四季豆200克，红椒20克

调料

干辣椒5克，白酒、白醋各10毫升，白糖10克，盐20克

做法

1 四季豆洗净切段；红椒去蒂洗净，切丁。

2 锅中注入适量清水，大火烧开，放入切好的四季豆，焯煮至断生，捞出，沥干水分。

3 四季豆盛入碗中，加入适量盐，放入干辣椒、红椒丁，倒入白酒、白醋、白糖，拌匀。

4 往四季豆中加入适量矿泉水，搅拌。

5 取一个干净的玻璃罐，将拌好的四季豆连泡汁一起装入玻璃罐中。

6 盖上盖，在室温下密封7天，用筷子将泡好的四季豆夹出，装入盘中即可。

用泡菜做好菜

泡四季豆炒虾仁

原料 泡酸辣四季豆200克，虾仁70克

调料 盐4克，鸡粉3克，料酒4毫升，水淀粉、食用油各适量，姜片、蒜末、葱白各少许

做法

1 虾仁洗净，装碗，加盐、鸡粉、水淀粉抓匀，注油腌渍10分钟。

2 用油起锅，放入姜片、蒜末、葱白爆香，倒入虾仁，翻炒均匀。

3 放泡酸辣四季豆炒匀，淋料酒炒香，加盐、鸡粉炒匀，倒入水淀粉，炒匀，盛出装盘即可。

泡四季豆炒红椒

原料 泡酸辣四季豆200克，红椒15克

调料 盐3克，鸡粉2克，生抽3毫升，料酒5毫升，豆瓣酱6克，水淀粉、食用油各适量，花椒、干辣椒、葱段、蒜末各少许

做法

1 红椒洗净去籽，切小块。

2 用油起锅，倒入花椒、干辣椒、葱段、姜末，爆香。

3 放入红椒、泡酸辣四季豆炒匀。

4 加入少许盐、料酒、鸡粉、生抽、豆瓣酱，炒匀调味。

5 倒入水淀粉勾芡，炒匀盛出即可。

泡毛豆

原料

毛豆250克

调料

白糖10克，干辣椒少许，白酒10毫升，生抽5毫升，盐30克，陈醋30毫升，白醋30毫升

做法

1 毛豆洗净。往锅中注水烧开，加入盐、干辣椒，倒入毛豆，煮2分钟，捞出。

2 取碗，加盐、白糖、陈醋、白醋、白酒、生抽，注入温开水拌匀，调成泡汁，倒入毛豆，拌匀。

3 将拌好的材料连汤汁一起装到玻璃罐中。

4 盖上盖，置于阴凉干燥处腌渍7天，取出即可。

用泡菜做好菜

泡毛豆炒蛤蜊

原料 蛤蜊肉、泡毛豆各80克，水发黑木耳、彩椒各40克

调料 盐2克，料酒6毫升，水淀粉4毫升，食用油适量，葱段少许

做法

1 泡毛豆去壳取粒；黑木耳、彩椒均洗净切块，焯水备用。

2 用油起锅，下葱段爆香，放入洗净的蛤蜊肉炒匀，倒入黑木耳、彩椒、泡毛豆粒炒匀，淋料酒炒香。

3 加盐炒匀，用水淀粉勾芡即可。

泡红椒豌豆

原料

豌豆200克，红椒30克

调料

蒜末8克，白酒9毫升，白糖8克，干辣椒、花椒各少许，白醋40毫升，盐25克

做法

1 豌豆洗净；红椒洗净，切丁；将豌豆放入沸水中焯煮1分钟，捞出装碗。

2 加盐、干辣椒、花椒、红椒丁、蒜末、白糖、白醋、白酒，再倒入约100毫升矿泉水，拌匀。

3 将材料盛入玻璃罐中，盖上盖，置于阴凉干燥处，密封7天，取出即可。

用泡菜做好菜

泡红椒豌豆炒牛肉

原料 牛肉260克，泡红椒豌豆200克

调料 盐、鸡粉各2克，料酒3毫升，水淀粉10毫升，食用油适量，姜片少许

做法

1 牛肉洗净，切粒，加盐、料酒、水淀粉拌匀，注油腌渍入味，滑油备用。

2 用油起锅，下姜片爆香，倒入牛肉炒匀，淋料酒炒香。

3 倒入泡红椒豌豆，翻炒匀，加少许盐、鸡粉、料酒，用水淀粉勾芡即可。

泡椒泡花生米

原料

水发花生米100克，泡椒40克，红椒20克

调料

白糖8克，盐20克

做法

1 红椒去蒂洗净，切丁，备用。

2 往锅中加入清水和盐，倒入花生米，煮约10分钟，捞出，装入碗中。

3 往碗中加入备好的红椒丁、泡椒，撒入适量盐、白糖，再注入适量矿泉水，搅拌均匀。

4 取一个干净的玻璃罐，把拌好的花生米装到玻璃罐中，稍微压实。

5 将剩余的泡汁倒入玻璃罐中。

6 盖上盖，在室温下密封7天，取出即可。

用泡菜做好菜

泡花生腐乳猪蹄

原料 猪蹄块300克，泡椒泡花生米70克，腐乳3块

调料 盐2克，食用油适量，白糖6克，白酒5毫升，酱油10毫升，蒜末、姜末、葱段各少许

做法

1 猪蹄块汆水备用。
2 取碗，放入腐乳、酱油、白酒拌匀成腐乳酱。
3 往锅中注油烧开，下姜、葱、蒜爆香，倒入猪蹄炒匀，加泡椒、泡花生米、腐乳酱、白糖炒匀，加水煮沸。
4 将锅中食材转至砂锅中，煮约1小时，关火后盛出即可。

泡花生米炒腊肉

原料 腊肉500克，水发芸豆100克，泡椒泡花生米100克

调料 料酒4毫升，生抽5毫升，白糖2克，鸡粉2克，食用油适量，干辣椒5克，花椒5克，葱段10克

做法

1 腊肉洗净切片。
2 热锅烧油，倒入泡椒、泡花生米、芸豆，油炸片刻，捞出，沥干油。
3 热锅注油烧热，倒入腊肉翻炒，放入花椒、干辣椒爆香，淋入少许料酒、生抽，加白糖、鸡粉炒匀。
4 加入芸豆、花生、葱段炒香，关火后盛入盘中即可。

荤菜类

泡无骨凤爪

原料

鸡爪230克，朝天椒15克，泡小米椒50克，泡椒水300毫升

调料

料酒3毫升，姜片、葱结各适量

做法

1 鸡爪洗净；锅中注入适量清水，用大火烧开，倒入备好的葱结，放入适量姜片，淋入适量料酒，放入洗净的鸡爪，轻轻搅拌均匀。

2 煮约10分钟，捞出，装入盘中，放凉。

3 把鸡爪割开，使其肉骨分离，剥取鸡爪肉，剁去爪尖。

4 把泡小米椒、朝天椒放入泡椒水中，放入鸡爪，拌匀，装入玻璃罐。

5 盖上盖子，置于阴凉处密封3天。

6 取出装盘，点缀上朝天椒与泡小米椒即可。

1

2

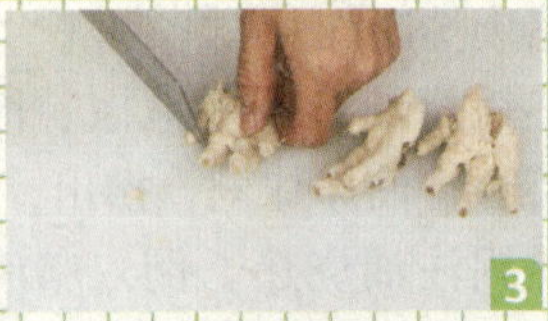

3

4

5

6

用泡菜做好菜

泡凤爪炒蒜苗

原料 无骨泡椒凤爪200克，蒜苗90克，青椒70克，红椒50克

调料 料酒16毫升，豆瓣酱15克，生抽5毫升，老抽、辣椒油、鸡粉、盐、食用油各适量，姜片、葱段各少许

做法

1 青椒、蒜苗均洗净，切段；红椒洗净，切块；无骨泡椒凤爪斩块。
2 用油起锅，下姜片、葱段爆香，加无骨泡椒凤爪炒匀，加料酒、豆瓣酱、生抽、老抽炒香，加水、辣椒油小火焖3分钟，加鸡粉、盐炒匀，放入青椒、红椒、蒜苗炒熟即可。

泡凤爪煲板栗

原料 板栗仁200克，无骨泡椒凤爪50克，枸杞20克

调料 盐2克，料酒、白糖各适量，高汤适量

做法

1 往砂锅中注入高汤，烧开后加入无骨泡椒凤爪、板栗仁，大火烧开。
2 转至中火，炖1小时至食材熟软，放入枸杞，搅拌均匀。
3 煮5分钟，加入白糖、米酒、盐，搅拌均匀，至食材入味，关火后盛出，装入碗中即可。

泡麻辣凤爪

原料

鸡爪500克，泡椒30克，朝天椒20克

调料

白酒10毫升，盐、花椒油、白醋、白糖、辣椒油各适量，花椒少许

做法

1 鸡爪洗净；往锅中注水，加鸡爪，烧开，煮5分钟，加盐和白酒，续煮5分钟，取出，切去爪尖，斩件。
2 将鸡爪和盐、花椒油、白醋、白糖、辣椒油、朝天椒、花椒、泡椒拌匀。
3 将鸡爪装入玻璃罐中，盖上盖密封，室温下密封约7天，取出即可。

用泡菜做好菜

泡麻辣凤爪焖土豆

原料 泡麻辣凤爪200克，土豆120克

调料 鸡粉、盐、辣椒油、芝麻油、老抽、豆瓣酱、生抽、食用油各适量，干辣椒、姜片、蒜末各少许，葱段70克

做法

1 大葱洗净，切段；土豆洗净，去皮，切块；泡麻辣凤爪斩小块。
2 用油起锅，放入姜片、蒜末、干辣椒爆香，倒入泡麻辣凤爪，加土豆、水、调料炒匀，焖8分钟，加葱段炒匀即可。

泡凤爪

原料

鸡爪200克

调料

朝天椒、蒜片各10克，生抽、香叶、桂皮、八角各少许，泡椒汁100克，盐20克，白醋25毫升，白酒20毫升

做法

1 朝天椒洗净拍扁。
2 锅中注水，加入洗净的香料、盐、生抽、洗净的鸡爪，煮15分钟捞出放凉。
3 鸡爪斩去趾甲，切开。
4 取玻璃罐，放入朝天椒、蒜片泡椒汁、白醋、矿泉水、白酒、盐、鸡爪，盖上盖密封，浸泡7天即可。

用泡菜做好菜

泡凤爪煲花生

原料 花生米50克，香菇50克，泡凤爪50克，高汤适量

调料 盐2克，料酒适量，姜片少许

做法

1 砂锅中注入高汤烧开，加入泡凤爪、香菇、姜片、花生米，搅拌均匀。
2 盖上砂锅盖，用大火烧开，转中火炖1小时至食材熟透。
3 揭开砂锅盖，加入料酒、盐，搅拌至食材入味，关火后盛出即可。

泡麻辣味鸡胗

原料

鸡胗80克（需先煮熟）

调料

花椒、干辣椒各少许，味精6克，盐20克

做法

1 鸡胗洗净，切成片，装入碗中，备用。
2 锅中注入适量清水，放入备好的花椒，加入干辣椒，撒入适量盐，倒入少许味精，搅拌匀，煮约2分钟，制成泡汁。
3 往鸡胗上淋上煮好的泡汁，搅拌均匀。
4 取一个干净的玻璃罐，把拌好的鸡胗连泡汁一起装入玻璃罐中。
5 盖上盖，在室温下密封4天。
6 将腌好的鸡胗取出即可。

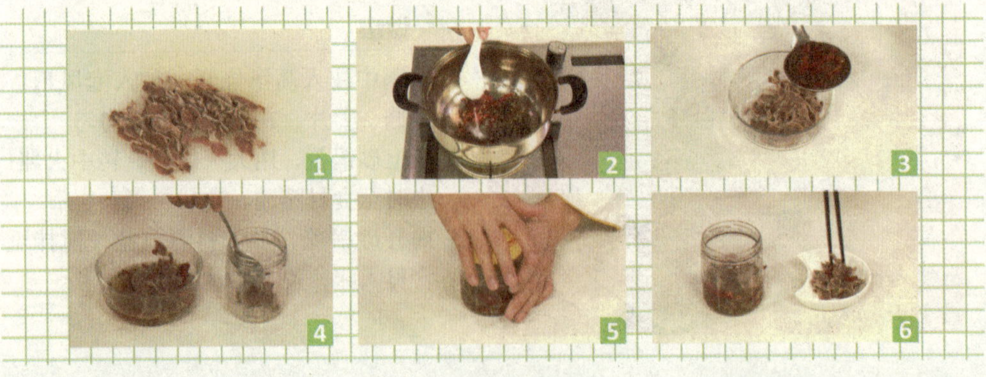

用泡菜做好菜

葱香泡麻辣鸡胗

原料 泡麻辣味鸡胗120克，葱50克，芹菜段45克，红椒40克

调料 盐4克，生粉、鸡粉各5克，料酒12毫升，生抽、水淀粉、辣椒油各5毫升，花椒粉2克，食用油适量，香菜段10克，蒜末少许

做法

1 红椒、葱均洗净切丝。
2 锅中注油烧热，下蒜末爆香，倒入泡麻辣味鸡胗炒匀，淋料酒炒香，加盐、鸡粉、生抽炒匀。
3 放入芹菜、红椒炒匀，加辣椒油、花椒粉炒香，用水淀粉勾芡，放入葱丝、香菜炒匀即可。

泡鸡胗炒山药

原料 山药120克，莴笋100克，泡麻辣味鸡胗90克，红椒块20克

调料 盐3克，鸡粉3克，蚝油5毫升，料酒5毫升，水淀粉、食用油各适量，姜片、蒜末、葱段各少许

做法

1 山药、莴笋均洗净去皮，切片。
2 山药片、红椒、莴笋均焯水备用。
3 用油起锅，放入姜片、蒜末、葱段爆香，倒入泡麻辣味鸡胗炒匀，淋料酒炒香，放入山药、莴笋、红椒翻炒匀，加盐、鸡粉、蚝油炒匀。
4 撒入葱段，倒入水淀粉勾芡，炒匀即可。

泡野山椒味鸡胗

原料

熟鸡胗80克，泡椒20克

调料

白酒10毫升，盐20克

做法

1 熟鸡胗切成片，装入碗中，待用。
2 把泡椒倒入碗中，加入白酒，放入备好的盐。
3 用筷子搅拌均匀，至盐分完全溶化。
4 将适量矿泉水倒入碗中，搅拌匀。
5 把鸡胗装入玻璃罐中。
6 盖上盖，置于阴凉干燥处密封7天。
7 将腌好的鸡胗取出即可。

用泡菜做好菜

泡鸡胗拌香芹

原料 泡野山椒味鸡胗180克，西芹100克，红椒块20克

调料 料酒3毫升，鸡粉2克，辣椒油4毫升，芝麻油2毫升，盐、生抽、食用油各适量，蒜末少许

做法

1 香芹洗净，切小块。香芹、红椒均焯水备用。
2 把香芹和红椒倒入碗中，放入泡野山椒味鸡胗、蒜末，加盐、鸡粉、料酒、生抽、辣椒油、芝麻油，拌匀即可。

泡脆猪耳

原料

猪耳600克，莴笋片100克，红椒块10克，泡椒15克

调料

白酒15毫升，生抽、料酒各10毫升，白糖10克，味精8克，草果、八角各少许，盐35克

做法

1 猪耳洗净，入沸水锅，加白酒、料酒、盐煮熟，取出切片，装碗备用。
2 猪耳中加莴笋、红椒、泡椒、香料、白酒、盐、白糖、味精、生抽拌匀。
3 将猪耳装入玻璃罐，压实加水，盖上盖，在室温下密封5天，取出即可。

用泡菜做好菜

泡脆猪耳炒荷兰豆

原料 泡脆猪耳400克，荷兰豆100克，红椒块20克

调料 生抽3毫升，盐3克，料酒3毫升，水淀粉、食用油各适量，姜片、蒜末、葱白各少许

做法

1 荷兰豆洗净，焯水备用。
2 用油起锅，下姜片、蒜末、葱白爆香，倒入泡脆猪耳、红椒，翻炒均匀。
3 淋料酒、生抽炒香，加荷兰豆炒匀，加盐调味，用水淀粉勾芡即可。

泡鱼辣子

原料

火焙鱼100克，辣椒圈20克

调料

生抽15毫升，白酒10毫升，白糖7克，熟油、辣椒油、芝麻油各适量

做法

1 将清理好的火焙鱼放入碗中。
2 往碗中加入备好的辣椒圈，淋入适量生抽，撒入适量白糖，搅拌均匀。
3 把备好的辣椒油、熟油倒入碗中，搅拌均匀，加入白酒、芝麻油碗中，拌匀。
4 将拌好的火焙鱼装入干净的玻璃罐中，压实，倒入碗中剩余的泡汁。
5 盖上盖，在室温下密封10天左右。
6 将泡好的鱼辣子取出即可。

用泡菜做好菜

泡鱼辣子炒芹菜

原料 泡鱼辣子100克，芹菜150克，红椒丝20克

调料 盐2克，鸡粉2克，生抽4毫升，料酒5毫升，水淀粉4毫升，食用油适量，蒜末、姜片、葱白各少许

做法

1 芹菜洗净，切段。
2 锅中注油烧热，下蒜末、姜片、葱白爆香，加入芹菜、红椒翻炒匀。
3 放入泡鱼辣子，淋入料酒炒香。
4 加鸡粉、盐、生抽，炒匀调味，倒入适量水淀粉勾芡，快速翻炒匀，盛出装盘即可。

泡鱼辣子炒蒜薹

原料 蒜薹150克，红椒丝20克，泡鱼辣子100克

调料 盐2克，鸡粉2克，生抽4毫升，料酒4毫升，水淀粉4毫升，食用油适量，姜片、蒜末、葱白各少许

做法

1 蒜薹洗净，切段。
2 锅留底油，下姜片、蒜末、葱白爆香，放入蒜薹、红椒翻炒匀。
3 淋入少许清水，翻炒片刻，放入泡鱼辣子炒匀，加生抽、盐、鸡粉、料酒，拌炒至入味。
4 倒入水淀粉勾芡，快速翻炒匀即可。

中庄醉蟹

原料

花蟹2只

调料

花椒、陈醋、蒜末各少许，盐适量，米酒1碗

做法

1 将花椒倒入大碗内。
2 加入适量盐。
3 放入处理好的花蟹，倒入米酒。
4 用保鲜膜密封，放入3～5℃的冰箱中腌7天。
5 花蟹腌渍好取出。
6 将保护膜拆去。
7 用筷子夹入盘中。
8 佐以陈醋蒜汁即可。

用泡菜做好菜

醉蟹虾盅

原料 净虾仁100克，肥膘肉35克，中庄醉蟹60克，西蓝花80克，菠菜20克

调料 盐、水淀粉、食用油各适量

做法

1 菠菜洗净切片；部分虾仁加肥膘肉、盐剁泥；醉蟹取蟹黄、蟹肉；西蓝花洗净焯熟，倒扣盘中；余下虾仁汆熟。
2 将玻璃杯抹油，放入菠菜、蟹黄和蟹肉、肉泥，蒸熟，取肉团即虾盅；虾仁摆入盘中，放上虾盅，浇上用沸水、盐、鸡粉、水淀粉拌成的稠汁即可。

Part 3 特色泡菜

家常泡菜总容易勾起人们的思乡念家之情，泡菜对中国百姓来说，不仅是美食，还是有着特殊的象征意义。可是，除了家常泡菜外，也总有那么些特色泡菜让你食指大动。本章就将为大家奉上独具风味的特色泡菜，简单又美味，即学即会，让您在家尝遍中国特色泡菜。

药膳泡菜

当归泡芹菜

原料

当归5克，芹菜200克

调料

红椒圈10克，白醋15毫升，白糖10克，盐20克

做法

1 将芹菜洗净，切成约4厘米长的条段。

2 将芹菜与红椒圈、洗净的当归放碗中，加入盐、白糖搅拌均匀。

3 加入适量白醋，搅拌均匀。

4 倒入450毫升矿泉水。

5 将碗中材料连泡汁一起装入干净的玻璃罐中，盖上盖密封，置于阴凉处浸泡3天。

6 泡菜制成，打开盖子，用筷子将泡菜取出，装入盘中即可食用。

1

2

3

4

5

6

用泡菜做好菜

泡芹菜炒腊肉

原料 腊肉300克，当归泡芹菜100克，红椒30克

调料 盐2克，鸡粉2克，辣椒油2毫升，料酒8毫升，水淀粉8毫升，蒜末、葱段各少许

做法

1 当归泡芹菜切段；红椒洗净切开，去籽切条；腊肉洗净切片，氽水，捞出备用。
2 用油起锅，倒入腊肉炒香，放入葱段、蒜末炒匀，
3 倒入红椒、泡芹菜炒匀，加辣椒油、盐、鸡粉、料酒。
4 倒入适量水淀粉勾芡，翻炒均匀即可。

泡芹菜拌茼蒿

原料 茼蒿300克，当归泡芹菜50克，彩椒40克，巴旦木仁35克

调料 盐3克，鸡粉2克，生抽4毫升，陈醋8毫升，芝麻油、食用油各适量，香菜15克，蒜末少许

做法

1 将当归泡芹菜切段；彩椒洗净切粗丝；香菜洗净切小段；茼蒿洗净切段。
2 茼蒿、彩椒丝焯水，捞出装碗，倒入泡芹菜段，撒上蒜末。
3 加鸡粉、盐、生抽、陈醋、芝麻油，撒上切好的香菜，拌匀入味。
4 盛出装盘，撒上巴旦木仁即可。

肉苁蓉泡芹菜

原料

芹菜200克，肉苁蓉5克，菟丝子3克

调料

朝天椒15克，姜片10克，白酒15毫升，白糖15克，白醋25毫升，盐20克

做法

1 芹菜洗净去薄皮，切段。
2 芹菜加盐、白糖、姜片、白酒、白醋，拌匀，倒入约500毫升的矿泉水。
3 加入洗好的朝天椒、肉苁蓉、菟丝子，拌匀，再将食材拣到玻璃罐中，倒入碗中的泡液。
4 拧紧盖子，密封3天，取出腌好的材料即可。

用泡菜做好菜

泡芹菜炒姬松茸

原料 藕丁、肉苁蓉泡芹菜各100克，鲜百合、水发姬松茸各50克，彩椒块20克

调料 盐4克，生抽3毫升，料酒4毫升，食用油适量，姜片、葱段各少许

做法

1 姬松茸洗净，切段；百合洗净。
2 将藕丁、姬松茸、百合、焯水备用。
3 用油起锅，爆香姜片、葱段，放入焯过水的食材，倒入彩椒、肉苁蓉泡芹菜炒匀，加料酒、盐、生抽炒匀即可。

百合泡豇豆

原料

豇豆200克，百合20克

调料

盐、白醋各适量，姜片10克

做法

1 把豇豆洗净，切短段，装碗，加盐、白醋、姜片拌匀。

2 取玻璃罐，放入少许洗净的百合。

3 从碗中舀出一部分豇豆，放入玻璃罐，压实，叠上少许洗净的百合，放入部分豇豆，压实。

4 倒入白醋，加入矿泉水，撒上少许盐，盖上盖密封7天，取出即可。

用泡菜做好菜

泡豇豆炖土豆

原料 土豆150克，百合泡豇豆100克

调料 鸡粉2克，盐3克，蚝油4克，老抽2毫升，水淀粉、食用油各适量，葱段、姜片、蒜末各少许

做法

1 土豆去皮洗净，切丁，焯水备用。

2 锅留底油，爆香姜片、蒜末，倒入百合泡豇豆、土豆丁，注水，加鸡粉、盐、蚝油、老抽，炒匀调味。

3 盖上锅盖，焖煮3分钟至入味，倒入水淀粉勾芡，撒上葱段，炒透即可。

山药泡花生

原料

山药200克，花生米70克，泡椒30克

调料

白糖13克，白酒10毫升，朝天椒12克，白醋20毫升，盐20克

做法

1 将去皮的山药切小块，用清水洗净。

2 再把切好的山药和洗净的朝天椒与泡椒一起放入干净的碗中，拌匀。

3 倒入适量白醋，再倒入洗好的花生米。

4 加入适量盐，撒入适量白糖，倒入适量白酒，充分搅拌均匀。

5 加入约400毫升的矿泉水，搅拌均匀，装入干净的玻璃罐中，压实。

6 然后，将盖子拧紧，置于室温下密封7天，揭开盖，取出腌渍好的山药泡花生即可。

用泡菜做好菜

泡花生炖鱼头

原料 鱼头1个，山药泡花生50克，核桃40克，红枣、茯苓、芡实各30克，纯牛奶适量

调料 盐2克，料酒、食用油各适量

做法

1 用油起锅，放入鱼头，煎2分钟至两面金黄色，加入料酒拌匀。
2 加水，倒入红枣、茯苓、芡实、核桃、山药泡花生，拌匀。
3 大火煮开转小火煮至熟，倒入纯牛奶，煮片刻。
4 加入盐，搅拌至入味。
5 关火后盛出煲好的鱼头，装入碗中即可。

泡花生木瓜排骨汤

原料 木瓜100克，排骨170克，山药泡花生60克

调料 盐2克，鸡粉2克，生抽3毫升，蚝油5毫升，食用油适量，姜片、蒜末、葱段各少许

做法

1 木瓜洗净去皮、瓤，切块；排骨洗净，焯水捞出。
2 用油起锅，爆香姜片、蒜末、葱段，倒入排骨，放入生抽、蚝油，炒匀，加水，放入山药泡花生，烧开后用小火焖15分钟，至食材熟透。
3 加木瓜、盐、鸡粉搅匀，转到砂锅中，旺火烧开后小火炖熟即可。

泡酸梅圣女果

原料

话梅8克，圣女果300克

调料

酸梅酱适量，红糖5克，盐20克

做法

1 将圣女果洗净，择去果蒂，装碗加盐，拌匀，腌渍10分钟。
2 把腌好的圣女果放入干净的玻璃罐中，倒入话梅，加入白糖、酸梅酱。
3 再倒入约300毫升的矿泉水，盖上盖子，置于干燥阴凉处浸泡2天。
4 揭开盖子，将泡好的剩女果取出，装入盘中即可。

用泡菜做好菜

泡酸梅圣女果鸡柳

原料 鸡胸肉220克，芦笋100克，泡酸梅圣女果40克

调料 盐3克，鸡粉少许，料酒6毫升，水淀粉、食用油各适量，葱段少许

做法

1 芦笋洗净，斜刀切长段；泡酸梅圣女果对半切开；鸡胸肉洗净，切条，加盐、水淀粉、料酒，腌渍10分钟。
2 用油起锅，下葱段爆香，倒入鸡肉、芦笋炒匀，放泡酸梅圣女果炒匀，加盐、鸡粉、料酒，用水淀粉勾芡炒匀即可。

菟丝子泡黄瓜

原料

黄瓜100克，红辣椒圈20克，菟丝子6克

调料

盐12克，白糖10克，白酒12毫升，姜片、蒜瓣各10克，白醋20毫升

做法

1 黄瓜洗净去薄皮，切开去瓤、籽，斜切成块；
2 黄瓜加盐、白糖、蒜瓣、红椒、姜拌匀，再倒入洗净的菟丝子拌匀。
3 加入白酒、白醋，再放入约550毫升的矿泉水，充分拌匀，倒入玻璃罐中，压实，扣上盖子拧紧，密封7天，取出即可。

用泡菜做好菜

泡黄瓜拌金针菇

原料 金针菇110克，菟丝子泡黄瓜90克，胡萝卜丝40克

调料 盐3克，食用油2毫升，生抽5毫升，鸡粉、辣椒油、芝麻油各适量，蒜末、葱花各少许

做法

1 菟丝子泡黄瓜切丝；金针菇洗净；胡萝卜丝、金针菇均焯水备用。
2 将菟丝子泡黄瓜丝装碗，加盐、金针菇、胡萝卜、蒜末、葱花、鸡粉、生抽、辣椒油、芝麻油，拌匀即可。

鸡血藤泡莴笋

原料

莴笋200克，鸡血藤10克

调料

白醋30毫升，朝天椒10克，盐10克，白糖12克

做法

1 将莴笋去皮洗净，切滚刀块。
2 将切好的莴笋装入干净的碗中，加入洗净的朝天椒，撒上适量盐，拌匀。
3 放入洗净的鸡血藤，加入适量白糖，搅拌均匀。
4 再倒入备好的白醋，放入约500毫升的矿泉水。
5 将碗中的材料用筷子搅拌均匀，连泡汁一起盛入洗净的玻璃罐中。
6 盖上盖子，拧紧，置于室温下密封3天，将泡好的莴笋取出食用即可。

用泡菜做好菜

泡莴笋炒香干

原料 鸡血藤泡莴笋200克，香干150克，红椒块20克

调料 盐2克，豆瓣酱10克，鸡粉2克，水淀粉5毫升，料酒5毫升，食用油适量，姜片、蒜末、葱白各少许

做法

1 鸡血藤泡莴笋切丁；香干洗净切丁。
2 热锅注油，爆香葱白、姜片、蒜末，放入泡莴笋、香干、红椒炒匀。
3 调入料酒、豆瓣酱、盐、鸡粉，拌炒均匀。
4 加少许清水，煮至锅中食材熟透入味，淋水淀粉勾芡，盛出即可。

泡莴笋炒蘑菇

原料 鸡血藤泡莴笋120克，秀珍菇60克，红椒15克

调料 盐2克，鸡粉2克，水淀粉、食用油各适量，姜末、蒜末、葱末各少许

做法

1 鸡血藤泡莴笋切片；秀珍菇洗净切块；红椒洗净切块。
2 用油起锅，下姜末、蒜末、葱末爆香，放入秀珍菇拌炒片刻，倒入泡莴笋、红椒，翻炒均匀。
3 放入盐、鸡粉炒匀，倒入少许水淀粉勾芡，炒匀，关火后盛出炒好的菜，装入盘中即可。

白芍药泡双耳

原料

水发黑木耳100克，水发银耳200克，白芍药7克

调料

盐13克，白糖10克，白醋20毫升

做法

1 将银耳洗净，切块；黑木耳洗净切块。
2 锅中加水烧开，放入黑木耳、银耳煮熟，捞出，洗净后装碗。
3 加入洗净的白芍药，放入盐、白糖、白醋拌匀，再放入洗净的玻璃罐中，加入约500毫升的矿泉水。
4 盖上盖，密封，置于阴凉处泡制1天，取出即可。

用泡菜做好菜

泡双耳炒西蓝花

原料 胡萝卜片20克，西蓝花100克，白芍药泡双耳100克

调料 盐2克，料酒10毫升，蚝油10克，水淀粉4毫升，鸡粉、食用油各适量，姜片、蒜末、葱段各少许

做法

1 西蓝花洗净，切块，焯水备用。
2 用油起锅，爆香姜片、蒜末、葱段，倒入胡萝卜、西蓝花、白芍药泡双耳。
3 调入料酒、蚝油、盐、鸡粉，倒入水淀粉勾芡，炒匀即可。

黄芪党参泡雪里蕻

原料

党参少许，雪里蕻300克，黄芪5克

调料

白酒15毫升，白糖10克，盐30克，干辣椒少许

做法

1 锅中加水烧开，倒入黄芪、党参、干辣椒，慢火煮15分钟，盛出汤汁。
2 往汤汁中加入盐、白糖、白酒，搅拌均匀，制成泡汁。
3 将雪里蕻洗净，沥干水分后装入玻璃罐，舀入泡汁，再把雪里蕻压紧压实。
4 盖上盖，在室温下密封约7天，取出即可。

用泡菜做好菜

泡雪里蕻炖豆腐

原料 黄芪党参泡雪里蕻220克，豆腐150克，肉末65克

调料 生抽2毫升，料酒2毫升，食用油适量，盐、姜片、葱花各少许

做法

1 黄芪党参泡雪里蕻切碎末；豆腐洗净切方块，焯水捞出。
2 用油起锅，倒入肉末炒匀，放入生抽、姜片、料酒、泡雪里蕻，炒至熟软。
3 加水、豆腐炒匀，加盐，用水淀粉勾芡，盛出装碗，撒葱花即可。

桂圆泡莲藕

原料

莲藕300克，桂圆肉25克

调料

白糖10克，姜片12克，白醋25毫升，盐35克

做法

1 将莲藕洗净去皮，切块。

2 将莲藕装入碗中，注入适量清水，加入少许盐，拌匀，浸泡片刻。

3 取出莲藕，沥干水分，装入碗中，加入盐，撒入适量白糖，放入备好的姜片、桂圆肉，搅拌均匀，再加入白醋。

4 倒入200毫升矿泉水，拌匀。

5 将拌好的莲藕放入玻璃罐中，压实，再将碗中的味汁倒入罐中。

6 盖上盖密封，置于阴凉处浸泡7天即可。

用泡菜做好菜

泡藕炖鸡

原料 桂圆泡莲藕80克，鸡肉180克

调料 盐3克，鸡粉2克，生抽、料酒各6毫升，水淀粉、食用油各适量，姜末、蒜末、葱花各少许

做法

1 将泡莲藕切丁；鸡肉斩小块，加盐、鸡粉、生抽、料酒腌渍入味。
2 用油起锅，爆香姜末、蒜末，放鸡块炒至转色，淋生抽、料酒炒匀。
3 倒入切好的泡藕丁，注水，加盐、鸡粉，翻炒匀。
4 煮沸后用小火焖煮约15分钟至全部食材熟透，大火收汁，倒入水淀粉勾芡，盛出装盘，撒上葱花即可。

泡藕海带烧肉

原料 桂圆泡莲藕200克，海带100克，猪腱肉200克

调料 白糖4克，水淀粉、生抽各5毫升，老抽2毫升，料酒8毫升，食用油适量，八角6克，姜片、葱段各少许

做法

1 桂圆泡莲藕洗净切丁；海带洗净切段，焯水备用；猪腱肉洗净切丁。
2 用油起锅，爆香姜片、葱段、八角，倒入肉丁炒匀，放入料酒、生抽、老抽、白糖，炒匀。
3 倒水煮沸，加入海带、泡藕丁，小火焖熟，加水淀粉勾芡炒匀，盛出，放上葱段即可。

水果泡菜

泡咸酸菠萝

原料

菠萝肉300克

调料

白糖7克，白醋30毫升，盐30克

做法

1 菠萝肉洗净去芯，切成小块。
2 把切好的菠萝装入碗中。
3 往碗中加入适量盐，撒入适量白糖，倒入适量白醋，搅拌均匀。
4 把适量矿泉水倒入碗中，拌匀。
5 将拌好的菠萝用筷子夹入干净的玻璃罐中，再倒入剩余泡汁，压实。
6 盖上盖，在室温下密封约4天，打开盖子，用筷子将泡好的菠萝取出，装入盘中即可。

用泡菜做好菜

泡菠萝炒鸭丁

原料 鸭肉200克，泡咸酸菠萝180克，彩椒50克

调料 盐4克，鸡粉2克，蚝油5克，料酒6毫升，生抽8毫升，水淀粉、食用油各适量，蒜末、葱段各少许

做法

1 泡咸酸菠萝切丁；彩椒洗净切块；鸭肉洗净切块，加生抽、料酒、盐、鸡粉、水淀粉拌匀，注油腌渍。
2 彩椒块焯水备用。
3 起油锅，爆香蒜末、葱段，加鸭肉块、料酒、彩椒块、菠萝丁炒匀。
4 加蚝油、生抽、盐、鸡粉，倒入水淀粉勾芡即可。

泡菠萝炒鱼片

原料 泡咸酸菠萝75克，草鱼肉150克，红椒25克

调料 豆瓣酱7克，盐2克，料酒4毫升，水淀粉、鸡粉、食用油各适量，姜片、蒜末、葱段各少许

做法

1 泡咸酸菠萝切片；红椒洗净切小块；草鱼肉切片，加盐、鸡粉、水淀粉拌匀，注油腌渍，滑油备用。
2 用油起锅，爆香姜片、蒜末、葱段，倒入红椒块、泡菠萝肉炒匀。
3 倒入鱼片，调入盐、鸡粉、豆瓣酱、料酒，倒入适量水淀粉。
4 用中火翻炒至熟，盛出即可。

开胃酸果

原料

莲藕30克，苹果50克，雪梨60克，酸梅5克

调料

盐15克，番茄酱适量，干辣椒3克，白糖20克，白醋20毫升

做法

1 将苹果、雪梨洗净，去皮去核，切成片；莲藕洗净，削去皮，切成片。

2 将苹果、雪梨、莲藕加入盐，倒入干辣椒、白醋拌匀，倒入酸梅、矿泉水。

3 加白糖、番茄酱拌匀，装入玻璃罐中，倒入泡汁。

4 盖上盖密封，置于18~25℃的室内阴凉处泡制2天，取出装入盘内即可。

用泡菜做好菜

开胃酸果牛肉丝

原料 牛肉丝150克，开胃酸果150克

调料 盐、鸡粉各2克，料酒5毫升，生抽4毫升，水淀粉3毫升，食用油适量，姜丝15克

做法

1 开胃酸果切条。牛肉丝加盐、料酒、水淀粉拌匀，注油腌渍半小时。

2 热锅注油，倒入姜丝、牛肉，翻炒至变色，淋料酒、生抽，加盐、鸡粉，倒入酸果丝炒匀。

3 关火后盛出装入盘中即可。

泡甜橙味苹果

原料

橙汁150毫升，苹果1个

调料

盐、白糖各适量

做法

1 苹果洗净，去皮，切开，去核，切成块，倒入碗中，用淡盐水浸泡一下。
2 将苹果沥干水分，加入盐、白糖和橙汁拌匀。
3 把拌好的苹果装入玻璃罐中，倒入余下的泡汁。
4 盖上盖，在室温下密封4天左右，取出即可。

用泡菜做好菜

泡苹果黑椒牛肉粒

原料 泡甜橙味苹果、牛肉丁、芥蓝梗、洋葱丁各适量

调料 盐、鸡粉、料酒、生抽、水淀粉、黑胡椒粒、葱段、食用油各适量

做法

1 芥蓝梗洗净切段；泡甜橙味苹果切块；牛肉丁加盐、生抽、水淀粉、油腌渍。
2 热油锅下葱段、黑胡椒粒炒香，加洋葱丁、牛肉丁、料酒、生抽炒匀，下芥蓝梗、泡苹果块炒熟，加盐、鸡粉炒匀，用水淀粉勾芡即可。

泡雪梨

原料

雪梨1个

调料

姜片10克，盐10克，白糖6克

做法

1 将雪梨洗净去皮，切开，切瓣，切去核，再改切成小瓣，放入淡盐水中，以防氧化。

2 把沥干水分的雪梨块放入碗中，放入姜片，加入盐、白糖，用筷子搅拌均匀。

3 倒入约200毫升矿泉水，拌匀。

4 将拌好的材料用筷子夹入干净的玻璃罐中，倒入碗中剩余的泡菜汁。

5 盖上盖封严实，置于室温10～18℃的室温环境下浸泡5天。

6 雪梨浸泡好后，取出即可食用。

用泡菜做好菜

泡雪梨炒百合

原料 豌豆170克，鲜百合120克，南瓜肉70克，泡雪梨60克，彩椒少许

调料 盐、鸡粉各2克，白糖3克，水淀粉、食用油各适量

做法

1 泡雪梨切丁；南瓜洗净去皮、瓤，切丁；彩椒洗净切小块；洗净的豌豆、百合、彩椒焯水备用。
2 用油起锅，放入南瓜丁、泡雪梨丁及焯过水的材料，炒至断生。
3 调入盐、白糖、鸡粉，淋入水淀粉勾芡，炒匀，至食材入味。
4 关火后盛出炒好的菜肴即可。

泡雪梨炒鸡片

原料 泡雪梨90克，胡萝卜20克，鸡胸肉85克

调料 盐3克，鸡粉2克，料酒5毫升，水淀粉、食用油各适量，蒜末、葱末各少许

做法

1 泡雪梨切小片；胡萝卜去皮洗净，切片；鸡胸肉洗净切片，加盐、鸡粉、水淀粉、食用油腌渍。
2 胡萝卜片入沸水锅煮至断生捞出。
3 用油起锅，倒入鸡肉片，淋入料酒，放入蒜末、葱末，炒至熟软。
4 倒入胡萝卜片、泡雪梨片、盐、鸡粉炒匀，用水淀粉勾芡即可。

泡甜橙味雪梨

原料

橙汁200克，雪梨1个

调料

白糖适量

做法

1 雪梨洗净，去皮，切开，取出果核。
2 将处理好的雪梨切成小块，装入碗中。
3 将切好的雪梨与白糖、橙汁一起倒入碗中，用筷子搅拌均匀。
4 把拌好的雪梨倒入干净的玻璃罐中。
5 把剩余的泡菜汁倒入玻璃罐中，压实。
6 盖上盖，在室温下密封5天左右即可食用。

用泡菜做好菜

泡梨丝山楂糕

原料 泡甜橙味雪梨120克，山楂糕100克

调料 蜂蜜少许

做法

1 泡甜橙味雪梨切丝；山楂糕切细丝。
2 把切好的泡雪梨装入碗中，倒入切好的山楂糕。
3 淋入少许蜂蜜。
4 搅拌片刻，使蜂蜜溶于食材中。
5 取一个干净的盘子，盛入拌好的食材，摆好盘即可。

Part 4

异国风味泡菜

中国泡菜驰名中外，无论在国内还是国外，都深受人们喜爱，但同时，国外也有着让人垂涎欲滴的泡菜，在这一章中，我们将带着大家一起领略异国泡菜的风采，分步详解，配以精美图片，一学就会，让大家不出家门也可以品尝到异国风味的泡菜，轻松享受异国美食。

韩式风味泡菜

辣白菜

原料

白菜4.8千克，萝卜1000克，水芹菜100克，芥菜200克，牡蛎200克

调料

白糖12克，盐8克，葱丝200克，辣椒粉130克，腌小鱼酱100克，虾仁酱100克，蒜泥80克，姜泥36克

做法

1 白菜洗净，用手掰断，放粗盐腌渍。

2 萝卜洗净切丝；水芹菜去叶，洗净；芥菜洗净，切段；牡蛎洗净；虾仁酱与小鱼酱里加入辣椒粉后泡软。

3 往萝卜丝上撒上泡湿的辣椒粉拌匀，放入备好的调料拌匀，放入蔬菜和牡蛎，轻拌后入盐。

4 在白菜帮之间均匀地抹上调料。

5 用大白菜叶将其围裹，在泡菜坛子里整齐地放入白菜，并在其上盖上用盐腌过的大白菜叶。

6 将碗里的水与盐均匀地洒在泡菜上，并将所剩调料全部倒入坛子里，最后将白菜压实，食用时取出即可。

用泡菜做好菜

辣白菜炒土豆片

原料 土豆130克，辣白菜200克，猪肉50克

调料 料酒2毫升，生抽4毫升，食用油适量，葱末少许，辣椒酱25克

做法

1 土豆去皮，洗净，切片；猪肉洗净，切片；辣白菜切段。
2 用油起锅，倒入猪肉片炒匀，淋料酒、生抽炒入味，撒上葱末炒香。
3 倒入辣白菜炒匀，倒入土豆片，加水，转大火略煮，改中小火焖约10分钟，至食材熟透。
4 放入辣椒酱，炒匀炒透，关火后盛出菜肴，装在盘中即可。

椒香辣白菜肉片

原料 红椒15克，猪瘦肉200克，辣白菜150克

调料 生抽4毫升，豆瓣酱10克，盐3克，陈醋7毫升，食用油适量，桂皮、花椒、八角、干辣椒、姜片、葱段、蒜末各少许

做法

1 红椒洗净，切段；辣白菜切块；猪瘦肉洗净，切片，加盐、水淀粉、食用油腌渍，滑油备用。
2 油锅爆香葱段、蒜末、姜片、红椒、桂皮、花椒、八角、干辣椒。
3 加辣白菜炒香，加肉片、生抽、豆瓣酱、盐、陈醋炒匀调味，盛出即可。

韩式白萝卜泡菜

原料

白萝卜250克，生菜叶2片

调料

盐、香油各5克，白糖3克，葱、蒜各30克，嫩姜20克，辣椒粉50克

做法

1 白萝卜洗净，切大块；葱洗净切段；嫩姜去皮切末；大蒜去皮切末。
2 白萝卜放盐，腌1小时后用冷开水洗去盐分，沥干水分后放入小坛内。
3 再加入其他调味料拌匀，密封，腌渍3天即可。
4 食用时搭配适量新鲜生菜叶即可。

用泡菜做好菜

茄汁白萝卜泡菜

原料 韩式白萝卜泡菜350克，西红柿100克

调料 盐3克，白糖3克，番茄酱10克，水淀粉5毫升，食用油适量，蒜末、葱段、葱花各少许

做法

1 白萝卜泡菜切丁；西红柿洗净，切丁。
2 油锅爆香蒜末、葱段，倒入西红柿丁炒匀，加韩式白萝卜泡菜，加盐、白糖、番茄酱炒匀。
3 倒水淀粉勾芡，炒匀，撒上葱花即可。

朝鲜素泡白菜

原料

大白菜、白萝卜各300克，红椒20克

调料

蒜瓣10克，白酒10毫升，盐30克

做法

1 将白萝卜洗净去皮，切成片；大白菜洗净，切成条；红椒洗净，切成块。
2 将大白菜盛入碗中，加蒜瓣、红椒、少许盐、沸水搅拌均匀，烫洗片刻。
3 倒入白萝卜片，加少许白酒，拌匀，装入玻璃罐中，压紧压实。
4 盖上盖，在室温下密封3天即可。

用泡菜做好菜

朝鲜泡菜炒素鸡

原料 朝鲜素泡白菜70克，彩椒20克，素鸡120克

调料 盐3克，鸡粉2克，白糖少许，食用油适量，罗汉果、灵芝各少许

做法

1 素鸡切片；彩椒洗净，切块；罗汉果洗净分块；以上食材均焯水备用。
2 用油起锅，倒入焯过水的材料、朝鲜素泡白菜块，炒匀。
3 加盐、鸡粉、白糖调味，倒入水淀粉勾芡，炒匀即可。

韩式韭菜泡菜

原料

韭菜200克，洋葱30克

调料

生姜15克，大蒜10克，辣椒面10克，白糖8克，鱼露适量，盐25克

做法

1. 大蒜去皮洗净，剁成碎末；生姜洗净，剁成细末；洋葱洗净，切成碎末；韭菜洗净。
2. 锅中注入适量清水，大火烧开备用。
3. 将韭菜入开水中，烫约1分钟至熟，取出，装入碗中。
4. 加辣椒面、鱼露、蒜末、洋葱末、姜末。
5. 再加入白糖、盐，搅拌1分钟。
6. 将韭菜盘成结，装盘，再撒上盘中剩余的辣椒、姜末、蒜末，覆上保鲜膜，放入冰箱中冷藏2天，取出食用即可。

用泡菜做好菜

韭菜泡菜炒香干

原料 韩式韭菜泡菜130克，香干100克，彩椒40克，虾米20克

调料 盐2克，鸡粉2克，料酒10毫升，生抽3毫升，水淀粉4毫升，白芝麻10克，豆豉、蒜末各少许

做法

1 香干切条，炸香备用；彩椒洗净，切条；韩式韭菜泡菜切段。
2 用油起锅，爆香蒜末，倒入虾米、豆豉，放入彩椒，淋入料酒，炒匀。
3 倒入泡韭菜、香干，调入盐、鸡粉、生抽。
4 倒入水淀粉勾芡，炒匀，盛出装盘，撒上白芝麻即可。

韭菜泡菜炒牛肉

原料 牛肉200克，韩式韭菜泡菜120克，彩椒35克

调料 盐3克，料酒4毫升，生抽5毫升，水淀粉、鸡粉、食用油各适量，姜片、蒜末各少许

做法

1 韩式韭菜泡菜切段；彩椒洗净，切丝；牛肉洗净切丝，加料酒、盐、生抽、水淀粉、食用油腌渍。
2 用油起锅，倒入牛肉丝炒至变色，放入姜片、蒜末，倒入泡韭菜丝、彩椒丝，大火翻炒至熟软。
3 加入少许盐、鸡粉，淋入生抽，炒匀，关火后盛出，装入盘中即可。

朝鲜泡菜

原料

白萝卜300克，包菜、胡萝卜各100克

调料

盐15克，姜片、蒜末、虾酱各适量，辣椒粉50克，酱油20克

做法

1 白萝卜洗净，去皮，切片；包菜洗净，切块；胡萝卜洗净，切片备用。
2 将上述材料沥干水分。
3 取泡菜坛，放入盐、辣椒粉、酱油、姜片、蒜末、虾酱、凉开水，再倒入沥干水分的上述材料。
4 盖上盖，腌渍2天至发酵，取出装盘即可。

用泡菜做好菜

朝鲜泡菜拌饭

原料 朝鲜泡菜60克，圆椒10克，米饭160克

调料 盐、鸡粉各2克，辣椒酱5克，生抽4毫升，食用油、白芝麻各少许

做法

1 圆椒洗净，切丁；朝鲜泡菜切丁。
2 用油起锅，倒入切好的材料，炒匀。
3 加入辣椒酱、生抽、鸡粉、盐，炒匀炒香，放入米饭，炒至松软。
4 撒上白芝麻，炒至食材入味，关火后盛出炒好的米饭即可。

酱黄瓜

原料

嫩黄瓜2根

调料

粗盐、酱油、白糖、蒜末、芝麻油各适量，红辣椒丝、熟芝麻仁各少许

做法

1 嫩黄瓜洗净切条，用粗盐腌渍入味，捞出沥干水分。
2 将腌渍好的黄瓜条放入开水锅中焯透，捞出沥水。
3 将黄瓜放入容器中，加入酱油后密封至变色，取出放入盘中。
4 将备好的白糖、蒜末、芝麻油调匀，淋入盘中，撒上白芝麻、红辣椒丝即可。

用泡菜做好菜

酱黄瓜炒豆干丝

原料 酱黄瓜150克，豆干100克

调料 盐2克，鸡粉2克，红辣椒丝15克豆瓣酱10克，料酒、水淀粉、食用油各适量，蒜末、葱段各少许

做法

1 将酱黄瓜切丝；豆干洗净切丝。
2 用油起锅，放入蒜末爆香，放入豆干丝、酱黄瓜丝、红辣椒丝，翻炒匀。
3 淋入少许料酒，加入盐、鸡粉、豆瓣酱，翻炒至食材入味。
4 撒上葱段，倒入水淀粉勾芡，炒匀即可。

酱汁泡黄瓜

原料

小黄瓜200克

调料

红糖10克，料酒适量，白糖2克，老抽5毫升，盐5克，姜片、蒜瓣、八角各少许，酱油400克

做法

1 小黄瓜洗净，打上灯笼花刀。
2 将黄瓜装入碗中，加入盐，抹匀，腌渍一天。
3 热锅注油烧热，倒入姜片、蒜瓣、八角爆香。
4 倒入备好的酱油，淋入料酒，再加入红糖、白糖、老抽，炒匀。
5 将煮好的酱汁盛出放凉。
6 将放凉后的酱汁倒入黄瓜碗内，将黄瓜浸泡约1天即可取出食用。

用泡菜做好菜

泡黄瓜炒豆腐

原料 酱汁泡黄瓜200克，豆腐300克，红椒丁30克，酸笋丁100克，胡萝卜丁150克，水发花生米90克

调料 盐4克，鸡粉2克，豆瓣酱15克，生抽5毫升，辣椒油6毫升，陈醋5毫升，水淀粉4毫升，食用油适量，姜片、蒜末、葱段、干辣椒各少许

做法

1 酱汁泡黄瓜切丁；豆腐洗净，切方块。
2 花生米滑油至微黄色，捞出。
3 锅中留油，爆香干辣椒、姜片、蒜末、葱段，加红椒、酱汁泡黄瓜、酸笋、胡萝卜、豆腐块、花生米。
4 加调料炒匀，淋水淀粉勾芡即可。

泡黄瓜炒素丁

原料 胡萝卜90克，酱汁泡黄瓜100克，豆干60克

调料 盐3克，鸡粉2克，豆瓣酱5克，食用油适量，姜片、蒜末、葱段各少许

做法

1 豆干洗净切丁；酱汁泡黄瓜切丁；胡萝卜洗净去皮，切丁，焯水。
2 豆干炸半分钟，捞出备用。
3 锅中留油，爆香姜片、蒜末、葱段，倒入酱汁泡黄瓜丁，翻炒匀。
4 放入胡萝卜、豆干，调入鸡粉、盐、豆瓣酱，倒入适量水淀粉勾芡，拌炒均匀，盛出即可。

日式风味泡菜

大芥菜泡菜

原料

大芥菜500克，红椒20克

调料

生抽15毫升，盐7克，豆瓣酱30克

做法

1 大芥菜洗净，切成段；红椒洗净去蒂，切成段。
2 将切好的芥菜装入盘中，加入少许盐，用手抓匀，腌渍约1小时。
3 将腌渍好的芥菜盛入纱布中，收紧压实，挤去芥菜中的多余水分。
4 将大芥菜装入碗中，加入适量红椒、豆瓣酱、生抽，搅拌均匀。
5 将拌好的材料放入玻璃罐中，压紧。
6 盖上盖，在室温下密封2天左右即可食用。

用泡菜做好菜

泡菜拌白肉

原料 熟五花肉300克，大芥菜泡菜200克

调料 鸡粉、白糖各少许，生抽3毫升，生粉、芝麻油各适量，红椒15克，蒜末5克

做法

1 红椒洗净切丝；大芥菜泡菜洗净切丁；五花肉切条。
2 锅中加水烧开，倒入大芥菜泡菜、五花肉煮沸，捞出，装盘，晾凉。
3 取碗，倒入大芥菜泡菜丁、五花肉，加入鸡粉、白糖、生粉、生抽。
4 加蒜末、红椒丝、芝麻油拌匀。
5 将拌好的泡菜拌白肉盛出装盘即可。

泡菜牛肚

原料 大芥菜泡菜150克，熟牛肚200克

调料 辣椒油3毫升，生抽3毫升，盐2克，水淀粉、料酒、食用油各适量，红椒15克，姜片、蒜末、葱段各少许

做法

1 将大芥菜泡菜切小块；熟牛肚切片；红椒洗净切小块，焯水。
2 用油起锅，爆香姜片、蒜末、葱段，倒入牛肚，炒匀。
3 淋入料酒，炒香，倒入大芥菜泡菜、红椒，炒匀，调入辣椒油、生抽、盐，煮至入味。
4 倒入水淀粉勾芡，拌炒入味即可。

泡萝卜菜

原料

萝卜叶、青椒、红椒、洋葱丝、糯米糊各适量

调料

盐、姜末、葱段、蒜末各适量

做法

1 萝卜叶洗净切段；青椒、红椒洗净切片。
2 将萝卜叶、青椒、红椒、洋葱丝放入碗内，加盐、姜末、葱段、蒜末拌匀。
3 再放入陶罐中腌渍入味。
4 往糯米糊中撒上盐，冷却后倒入陶罐中拌匀，泡1天即可食用。

用泡菜做好菜

泡萝卜菜炒豆腐

原料 豆腐300克，泡萝卜菜100克，肉末50克，彩椒30克

调料 盐、鸡粉各2克，料酒、水淀粉、食用油各适量

做法

1 豆腐洗净切丁，焯水备用；彩椒洗净切块；泡萝卜菜切小块。
2 用油起锅，倒入肉末，炒至变色，加少许水拌匀，加入料酒，倒入豆腐、泡萝卜菜、彩椒，炒3分钟至熟。
3 加盐、鸡粉调味，淋水淀粉勾芡即可。

芥末渍莲藕

原料

莲藕300克，芥末20克

调料

盐9克，红椒15克，生抽、鸡粉、白醋各适量

做法

1 莲藕去皮洗净，切片；红椒洗净切圈。
2 往锅中加水烧开，加白醋、盐，倒入藕片，煮约2分钟至熟，捞出装碗。
3 往碗中加盐、生抽、鸡粉、芥末拌匀，倒红椒拌匀。
4 将拌好的藕片盛入玻璃罐中，压紧，盖上盖，在室温下密封约1天，取出即可食用。

用泡菜做好菜

老干妈芥末莲藕

原料 芥末渍莲藕200克

调料 老干妈8克，白醋2毫升，水淀粉、食用油各适量，葱段20克

做法

1 将芥末渍莲藕用凉开水略洗去表面的酱料，对半切开。
2 用油起锅，放入老干妈，倒入少许清水，炒匀。
3 放入切好的莲藕片，翻炒均匀。
4 再放入备好的葱段，炒匀，淋入白醋炒匀，加水淀粉勾芡，盛出即可。

日式辣白菜

原料

大白菜300克，海带100克

调料

干辣椒少许，白酒15毫升，盐30克

做法

1 海带洗净，切成块；大白菜洗净，切成丁。
2 把切好的大白菜盛入碗中，加入少许盐，搅拌均匀。
3 将加盐拌匀后的大白菜用手挤出水分，并将水分滤去。
4 往碗中加入切好的海带，放入干辣椒，撒入盐，淋入白酒，倒入适量矿泉水拌匀。
5 把拌好的大白菜连泡菜汁一起装入干净的玻璃罐中，压紧压实。
6 盖上盖，在室温下密封4天，用干净的筷子将制成的泡菜取出，装入盘中即可。

用泡菜做好菜

辣白菜炒菌菇

原料 日式辣白菜150克，蟹味菇60克，香菇50克

调料 盐3克，鸡粉2克，蚝油5克，水淀粉、食用油各适量，姜片、葱段各少许

做法

1 蟹味菇洗净；香菇洗净切片。
2 往锅中注水烧开，加盐、食用油，放入香菇、蟹味菇，煮半分钟捞出。
3 用油起锅，放入姜片、葱段爆香，倒入焯煮过的食材，放入辣白菜，加入蚝油、鸡粉、盐，炒匀调味。
4 倒入水淀粉勾芡，翻炒至食材入味，盛出即可。

辣白菜炒肚片

原料 猪肚90克，日式辣白菜80克，彩椒块35克

调料 盐2克，鸡粉2克，料酒8毫升，生抽10毫升，水淀粉4毫升，食用油适量，姜末、蒜末、葱段各少许

做法

1 猪肚洗净切片。
2 炒锅注油，下姜末、蒜末、葱段爆香，倒入彩椒炒匀，放入猪肚，翻炒片刻。
3 淋料酒炒匀，倒入生抽翻炒匀，倒入日式辣白菜炒匀。
4 加盐、鸡粉调味，用水淀粉勾芡炒匀即可。

功夫黄瓜

原料

黄瓜1条，韭菜、洋葱末各适量

调料

辣椒粉、白糖、虾酱、盐、葱末、蒜末各适量

做法

1 黄瓜洗净，切段，用盐腌渍；韭菜洗净，切段。
2 将辣椒粉和热水放入容器中，加虾酱、韭菜、葱末、蒜末、洋葱末、白糖、盐拌匀成辣椒酱。
3 将黄瓜内的水分挤出。
4 将辣椒酱塞在黄瓜的切口处，腌渍入味即可。

用泡菜做好菜

功夫黄瓜煸排骨

原料 排骨500克，功夫黄瓜200克，朝天椒碎30克

调料 盐2克，生抽5毫升，鸡粉15克，料酒、辣椒油、食用油各适量，蒜末、葱花各少许

做法

1 功夫黄瓜切丁；排骨洗净，剁块，汆熟，加生抽、盐、鸡粉、料酒抓匀，炸好。
2 油锅下蒜末爆香，加朝天椒、黄瓜丁炒匀，加排骨、盐、鸡粉、料酒、辣椒油炒匀，撒葱花炒香即可。

葱结辣萝卜

原料

白萝卜适量

调料

盐、辣椒粉、葱段、蒜末、姜末、鱼酱、白糖各适量

做法

1 白萝卜洗净，切条，用盐腌渍入味。
2 葱捆在一起，系成葱结。
3 将盐、辣椒粉、鱼酱、白糖调成酱汁，与白萝卜、葱结、姜末、蒜末搅拌匀，即成辣萝卜。
4 最后将辣萝卜装入容器中密封3~5日，即可食用。

用泡菜做好菜

辣萝卜红烧牛肉

原料 卤牛肉200克，葱结辣萝卜80克

调料 生抽5毫升，老抽2毫升，料酒4毫升，豆瓣酱、食用油各适量，干辣椒丝10克，蒜末、葱段、姜片各少许

做法

1 卤牛肉、葱结辣萝卜均切块。
2 油锅烧热，放入干辣椒、蒜末、姜片炒香，加卤牛肉炒匀，加料酒、豆瓣酱、生抽、老抽炒匀，加水煮20分钟，倒入辣萝卜块、葱段炒匀即可。

西式风味泡菜

西餐泡菜

原料

青椒15克，包菜150克，花菜100克，黄瓜100克，胡萝卜80克，芹菜50克

调料

葱段10克，丁香1克，干辣椒圈1克，桂皮1克，黑胡椒1克，白酒15毫升，白糖10克，白醋50毫升，盐30克

做法

1 将黄瓜、青椒、胡萝卜均洗净，切条；芹菜洗净，切段；包菜洗净，切丝；花菜洗净，切小块。

2 往锅中加水烧开，倒入胡萝卜、花菜焯水捞出，装碗。

3 往碗中加入包菜、黄瓜、青椒、芹菜。

4 加入葱段、丁香、桂皮、干辣椒圈、黑胡椒。

5 放入盐、白糖、白醋、白酒、温水拌匀。

6 把所有材料装入玻璃罐中，压实压紧，盖上盖，在室温下密封2天即可。

用泡菜做好菜

西餐泡菜炒鸡片

原料 西餐泡菜100克，鸡胸肉180克，红椒块17克

调料 盐4克，鸡粉3克，料酒、蚝油、水淀粉、食用油各适量，姜片、蒜末、葱段各少许

做法

1 鸡胸肉洗净，切片，加盐、鸡粉、水淀粉抓匀，注油腌渍10分钟。
2 鸡肉片滑油备用。
3 用油起锅，放入姜片、蒜末、葱段爆香，倒入西餐泡菜、红椒炒匀。
4 放入鸡肉片，淋料酒炒香，加盐、鸡粉、蚝油，炒匀调味。
5 倒入水淀粉勾芡，炒匀盛出即可。

西餐泡菜炒肉丝

原料 草菇70克，西餐泡菜100克，猪瘦肉240克

调料 盐3克，生抽4毫升，料酒8毫升，蚝油、水淀粉、食用油各适量，姜片、蒜末、葱段各少许

做法

1 草菇洗净切开；猪瘦肉洗净切丝，加料酒、盐、水淀粉，注油腌渍。
2 往锅中注水烧开，加盐、料酒，倒入草菇，煮4分钟捞出。
3 用油起锅，倒入肉丝，炒至变色，下姜片、蒜末、葱段炒香。
4 放入草菇、西餐泡菜，加盐、生抽、料酒、蚝油调味，用水淀粉勾芡即可。

酱泡奶参

原料

奶参230克

调料

辣椒酱、葱末、盐、白糖、芝麻油各适量

做法

1 奶参去皮，置于盐水中去其辛辣味，用木槌敲成平平的薄片。

2 将奶参上的水沥干，并在其上涂辣椒酱。

3 将涂好辣椒酱的奶参装入坛中，等奶参完全上色后，从坛内取出。

4 将泡好的奶参撕成条，用葱末、盐、白糖、芝麻油调味即可。

用泡菜做好菜

参杞烧海参

原料 水发海参130克，油菜45克，竹笋40克，酱泡奶参18克

调料 盐3克，蚝油5克，生抽5毫升，料酒7毫升，食用油适量，枸杞、姜片、葱段各少许

做法

1 竹笋、海参均洗净切片；油菜洗净切开，焯水摆盘；酱泡奶参切片。

2 油锅下姜片、葱段爆香，加奶参、海参、竹笋炒匀，加水、枸杞、盐、料酒、蚝油、生抽炒熟即可。

芝香泡菜

原料

白芝麻少许，花生12克，黄瓜300克

调料

芝麻酱20克，辣椒面、生抽、盐各适量，白糖20克

做法

1 烧热炒锅，倒入花生，小火炒熟后盛出，倒入白芝麻，炒香，盛出。
2 花生去掉红衣，拍碎，切成粉末；黄瓜洗净切瓣，盛入碗中。
3 往碗中加入盐抓匀，腌渍10分钟，洗净，装碗。
4 加芝麻酱、花生末、白芝麻、辣椒面、生抽、白糖拌匀，盛出装盘即可。

用泡菜做好菜

芝香泡菜牛蒡丝

原料 金针菇100克，芝香泡菜95克，胡萝卜丝90克，牛蒡丝90克

调料 盐3克，鸡粉2克，生抽4毫升，陈醋5毫升，芝麻油、食用油各适量，蒜末、熟芝麻各少许

做法

1 芝香泡菜切丝；金针菇洗净，去根。
2 牛蒡丝、胡萝卜丝、金针菇均焯水。
3 将焯熟的食材装碗，倒入芝香泡菜丝，加蒜末、盐、鸡粉、生抽、陈醋、芝麻油拌匀，装盘，撒上熟芝麻即可。

咖喱泡菜

原料

大白菜200克，花菜300克，胡萝卜50克，青椒、红椒各20克

调料

盐8克，咖喱粉10克，干辣椒圈2克，白醋20毫升

做法

1 胡萝卜去皮洗净，切片；红椒、青椒、大白菜均洗净，切块；花菜洗净，掰成小朵。
2 往锅中加水烧开，倒入花菜略煮，再加入大白菜、胡萝卜、红椒、青椒略煮。
3 将锅里的材料全部捞出。
4 将焯水后的材料盛入碗中，加盐、咖喱粉、白醋、干辣椒拌匀，注水拌匀。
5 将拌好的材料盛入玻璃罐中，倒入剩余泡汁。
6 盖上盖密封，置于阴凉处浸泡1天，取出即可食用。

用泡菜做好菜

干锅泡菜鱼

原料 鱼鳔150克，咖喱泡菜100克

调料 白醋4毫升，水淀粉10毫升，老抽3毫升，番茄酱15克，豆瓣酱15克，盐2克，鸡粉2克，食用油适量，蒜末、葱段各适量

做法

1 用牙签将鱼鳔表层的膜挑除，洗净，汆水备用。
2 油锅下蒜末、葱段爆香，放入鱼鳔，加豆瓣酱炒匀。
3 放入咖喱泡菜炒匀。
4 加盐、鸡粉、番茄酱、白醋炒匀。
5 淋老抽炒匀，加水淀粉勾芡，盛出，装入干锅中即可。

咖喱泡菜五花肉

原料 咖喱泡菜、五花肉各200克

调料 盐7克，鸡粉2克，豆瓣酱15克，生抽4毫升，老抽2毫升，水淀粉3毫升，食用油适量，干辣椒8克，蒜末、葱段各少许

做法

1 将五花肉洗净，切成片。
2 用油起锅，放入肉片，翻炒至出油、转色，加入蒜末、干辣椒，炒匀。
3 加入老抽、生抽、豆瓣酱，翻炒均匀，倒入咖喱泡菜，翻炒均匀。
4 加水淀粉勾芡，加盐、鸡粉，放入葱段，翻炒均匀即可。

酱萝卜丝

原料

干萝卜丝230克

调料

酱油、蒜末、盐、白糖、芝麻油、辣椒丝、熟芝麻各适量

做法

1 将干萝卜丝入水浸泡，用手将干萝卜丝搓洗干净，然后挤出水分。
2 将萝卜丝放入酱油中浸泡一夜。
3 将白糖、芝麻油、蒜末、辣椒丝、盐加入其中。
4 将上述材料拌匀，撒上熟芝麻即可。

用泡菜做好菜

酱萝卜丝炒腊肠

原料 酱萝卜丝70克，腊肠180克，蒜薹段30克

调料 盐2克，豆瓣酱、料酒、鸡粉、食用油各适量，葱花少许

做法

1 酱萝卜丝洗净切段；腊肠斜刀切片。
2 蒜薹段焯水捞出，备用。
3 用油起锅，倒入腊肠，炒至出油，放入蒜薹段、酱萝卜丝，炒匀。
4 加入豆瓣酱、料酒炒香，放入鸡粉、盐炒至入味，盛出，撒上葱花即可。